郭浩然
张世锟
郑瑞菲
著

# DeepSeek 就该这样学

人民邮电出版社
北京

图书在版编目（CIP）数据

DeepSeek就该这样学 ：AI赋能学习+创作+职业发展 / 郭浩然，张世锟，郑瑞菲著. -- 北京 ：人民邮电出版社，2025. -- ISBN 978-7-115-67262-9

Ⅰ. TP18

中国国家版本馆CIP数据核字第2025A3L128号

## 内 容 提 要

本书是一本专门为 AI 初学者撰写的入门指南，以备受关注的 AI 大模型 DeepSeek 为切入点，借助丰富的案例和通俗易懂的讲解，全面且系统地介绍有关 AI 的知识，帮助读者走出 AI 认知误区，逐步掌握 AI 应用技巧，进而抓住 AI 时代的机遇。本书不仅剖析了 DeepSeek 的特点和影响，还深入探讨 AI 在学习、生活、内容创作等多个领域的应用，能帮助读者提升学习和工作效率、进行自媒体创作等。另外，本书还为想进入 AI 行业的读者介绍了 AI 岗位知识和进军 AI 的攻略。

通过阅读本书，读者能将学到的 AI 操作方法运用于实际。无论是学生群体还是职场人士，本书都将助力读者跨越技术门槛，在技术浪潮中抢占先机。

◆ 著　　　　郭浩然　张世锟　郑瑞菲
责任编辑　林舒媛
责任印制　胡　南

◆ 人民邮电出版社出版发行　　北京市丰台区成寿寺路 11 号
邮编　100164　　电子邮件　315@ptpress.com.cn
网址　https://www.ptpress.com.cn
北京九州迅驰传媒文化有限公司印刷

◆ 开本：880×1230　1/32
印张：6.25　　　　2025 年 6 月第 1 版
字数：110 千字　　　　2025 年 6 月北京第 1 次印刷

定价：59.80 元

**读者服务热线：(010)81055410　印装质量热线：(010)81055316**
**反盗版热线：(010)81055315**

# 前言

## PREFACE

作为一名科技博主，我在直播中分享AI工具使用经验时，深切感受到了大家对AI的浓厚兴趣和强烈求知欲。

然而，当我想为大家推荐一本学习AI的书时，却陷入了纠结。有些书侧重于实际操作，方法论的介绍较少；有些书则偏向方法论科普，对实际操作的讲解比较有限。这些书各有其精彩之处，但我期待能有一本书，既能“授之以鱼”，又能“授之以渔”，恰到好处地平衡方法论与实际操作。

正是基于这一想法，我萌生了撰写一本书的念头。我希望本书既能相对全面地传授方法论，又有丰富的实践案例，成为广大AI爱好者实用的学习指南。

在我产生写书的念头后不久，我创作的一个关于DeepSeek使用教程的视频，在视频号平台获得了600多万人次的播放量，其他关于AI的视频和文章也有不错的反响。观众的认可给了我极大的动力，也让我更加坚定了完成本书的决心。

在正式创作本书之前，为了确保内容对读者有实际的帮助，我和团队另外两位伙伴一起，进行了充分的调研。我们在多个内容平台检索了超过1000个（篇）与DeepSeek相关的视频（和文章），通过对标题和评论的分析，确定了读者关心的问题和需求。根据这些问题和需求，我们整理了相应的实操技巧，力求本书对读者有实用价值。

本书不仅介绍了DeepSeek，还推荐了其他AI产品。在推荐这些产品时，我们秉持一个基本原则：只有某个AI产品我们愿意推荐给亲朋好友使用，才能在书中提及。

本书内容主要分为四个部分。

第一部分（第1章）：围绕DeepSeek展开，深入剖析其特点和对AI领域乃至未来的影响，帮助读者全面了解这一具有代表性的AI大模型，为后续学习奠定基础。

第二部分（第2章）：聚焦学习AI的方法论，同时介绍AI在日常生活中的应用，帮助读者了解学习AI的基本思路，感受AI与生活的紧密联系。

第三部分（第3章至第5章）：分别从学习、职场和内容创作三个角度出发，详细阐述AI在其中的具体应用，通过大量真实案例，展示AI如何助力我们提升效率，激发创意，解决实际问题。

第四部分（第6章）：着眼于AI行业的岗位，为想要进入AI行业的读者，介绍不过多要求技术经验的岗位和实用的转行攻略，帮助读者抓住AI时代的职业发展机遇。

“纸上得来终觉浅，绝知此事要躬行”。AI是一门实践性很强的技术，了解上述知识后，还需要不断实践，真正把AI应用到生活和工作中。如果你之前没有接触过AI，不必担心，使用AI解决日常问题并不困难。

本书的顺利出版离不开团队的协作。本书的前期调研与整体规划由三位作者共同完成。在中期的案例收集与初稿撰写阶段，张世锟负责第1章、第2章，郑瑞菲负责第3章，郭浩然负责第4章、第6章，第5章由三位作者共同完成。郭浩然负责对全书内容进行系统梳理，张世锟负责整理全书的案例和图片，郑瑞菲负责全书的润色与审校工作。

最后，衷心感谢编辑林舒媛老师在我们写作过程中给予的悉心指导，也特别感谢我的师弟黄琪兴与我的同学张一航在书稿创作阶段提出的宝贵意见。正是因为有他们，本书内容才得以不断完善。

希望本书能成为你学习AI道路上的得力助手，帮助你开启AI世界的大门，探索其中的无限可能。

作者

# 目录

CONTENTS

## 第1章

## DeepSeek开启的AI新纪元

1.1 DeepSeek：见证AI时代的历史变革 … 002

1.1.1 解读DeepSeek火爆背后的底层逻辑 … 003

1.1.2 DeepSeek有哪些特点,对未来有哪些影响 … 007

1.1.3 愿景驱动,人才为本:DeepSeek崛起的核心驱动力 … 013

1.2 认知重构：关于AI的真相与谎言 … 016

1.2.1 通俗地解释AI的强项和短板 … 016

1.2.2 AI时代不会用AI=信息时代不会用智能手机 … 018

1.2.3 不拥抱AI的后果 … 021

拓展阅读 AI基础概念 … 023

## 第2章

# 没有技术背景，如何从DeepSeek入手学AI

**2.1 正确认识AI … 028**

**2.1.1** 不懂技术，一样可以用好AI工具 … 028

**2.1.2** 为什么AI工具有时“强大”，有时“鸡肋” … 033

**2.2 学习路径规划，开启AI学习之旅 … 036**

**2.2.1** 使用AI的四种途径 … 037

**2.2.2** 从入门到精通：AI学习路径和资源 … 041

**2.3 了解提示词：如何用语言驾驭AI … 043**

**2.3.1** 什么是提示词，它为何如此重要 … 044

**2.3.2** 写提示词的原则和常见误区 … 046

**2.4 如何在生活中使用AI … 050**

**2.4.1** 健康管家：定制你的AI健身教练和营养师 … 050

**2.4.2** 旅行规划师：让AI成为你的旅行助手 … 053

## 第3章

# 让DeepSeek成为你的学习帮手

**3.1 了解AI学习与传统学习的差异 … 058**

**3.1.1** 学习前的AI应用 … 058

**3.1.2** 学习中的AI应用 … 061

**3.1.3** 学习后的AI应用 … 064

**3.2 AI知识库搭建：让AI成为你的“第二大脑” … 067**

**3.2.1** 为什么要搭建AI知识库 … 068

**3.2.2** DeepSeek与ima联用 … 070

**3.2.3** 如何用AI知识库提高知识利用效率 … 075

**3.3 学习加速器：打破知识壁垒，快速成为高手 … 077**

**3.3.1** 用AI学英语 … 077

**3.3.2** 用AI探究法律问题 … 083

## 第4章

# 让DeepSeek助你提升职场能力


4.1 工作调研与决策及文案策划 … 090

4.1.1 AI加速工作调研：从1天到1小时的效率跃升 … 090

4.1.2 AI辅助决策：让工作思路更可靠 … 094

4.1.3 AI赋能方案策划：从创意到落地的全流程支持 … 097

4.2 会议管理、工作沟通与执行 … 101

4.2.1 AI优化会议管理：记录、翻译与待办任务设置 … 101

4.2.2 AI助力沟通：让表达更清晰 … 105

4.2.3 AI助力工作执行：处理重复任务和复杂任务 … 108

4.3 工作汇报与PPT制作 … 112

4.3.1 利用DeepSeek整理工作成果 … 112

4.3.2 DeepSeek与其他AI工具结合使用，让汇报更吸引人 … 114

# 第5章 让DeepSeek助你把握新兴AI商机


**5.1 AI绘图和视频创作 … 122**

5.1.1 AI绘图和视频创作工具介绍，找到你的内容创作利器 … 122

5.1.2 掌握文图转换技巧，用AI让创意落地 … 126

5.1.3 商业应用案例剖析，见证AI创作的潜力 … 132

**5.2 借助DeepSeek，打造个人自媒体 … 135**

5.2.1 借助AI确定自媒体定位和平台 … 135

5.2.2 借助AI策划选题文案 … 142

5.2.3 用AI工具剪辑和复盘，提升你的创作效率 … 148

**5.3 利用DeepSeek炒股靠谱吗 … 152**

5.3.1 DeepSeek和炒股有什么关联 … 152

5.3.2 DeepSeek能否用于炒股 … 153

**拓展阅读 AI还有哪些用法 … 156**

## 第6章
# 如何抓住DeepSeek带来的机遇，进入AI行业


**6.1 AI岗位介绍：工作内容、任职要求、发展前景 … 160**

**6.1.1** 不懂AI技术，没有高学历，能够进入AI行业吗 … 160

**6.1.2** AI相关岗位的工作内容和对能力的要求 … 163

**6.1.3** 进入AI行业会更有前途吗 … 167

**6.2 给新人的入行攻略 … 169**

**6.2.1** 转行思路与转行路径 … 169

**6.2.2** 没有AI项目经验怎么办 … 172

**6.2.3** 利用AI优化简历与模拟面试 … 179

**拓展阅读 回顾移动互联网行业发展，抓住转入AI行业的时机 … 185**

**后记 … 187**

第1章

CHAPTER ONE

# DeepSeek开启的AI新纪元

无论你是否关注人工智能(Artificial Intelligence, AI),都可能听说过DeepSeek,它是一个受到国内外广泛关注的AI大模型。本章带你深入认识DeepSeek和AI,破除对AI的误解,并掌握AI的基础概念。

首先,本章会介绍DeepSeek究竟有多火爆,再解读它为何如此火爆。

其次,本章会分析DeepSeek和其他AI的不同之处,DeepSeek如何影响未来,以及DeepSeek崛起的核心驱动力。

再次,本章会揭示关于AI的真相与谎言。

最后,本章拓展阅读会介绍一些AI基础概念,通过生动的解释带读者快速了解专业术语,帮读者扫除理解AI的障碍。

## 1.1 DeepSeek：见证 AI 时代的历史变革

2025年春节前后，DeepSeek系列的第一代推理模型DeepSeek-R1横空出世，在全球范围内受到广泛关注。本书后面提及的DeepSeek，默认是指DeepSeek-R1。

据AI产品榜的数据，DeepSeek仅用7天就突破了一亿用户的大关。部分主流软件工具收获一亿用户的用时如图1.1所示。DeepSeek和ChatGPT应用程序（Application，App）上线18天的日活跃用户数量的变化趋势如图1.2所示。

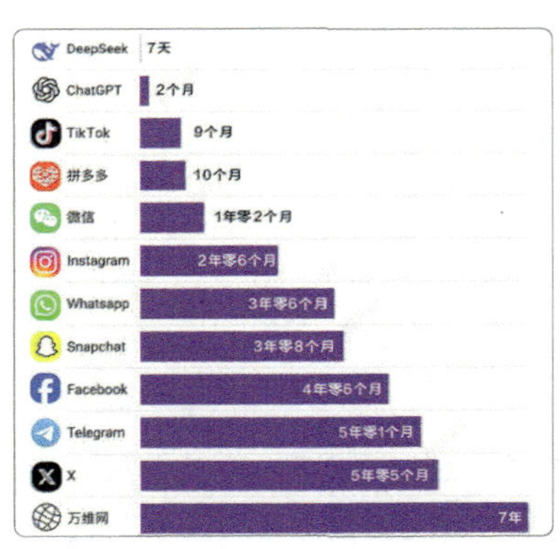


图1.1 部分主流软件工具收获1亿用户的用时（来源：AI产品榜）

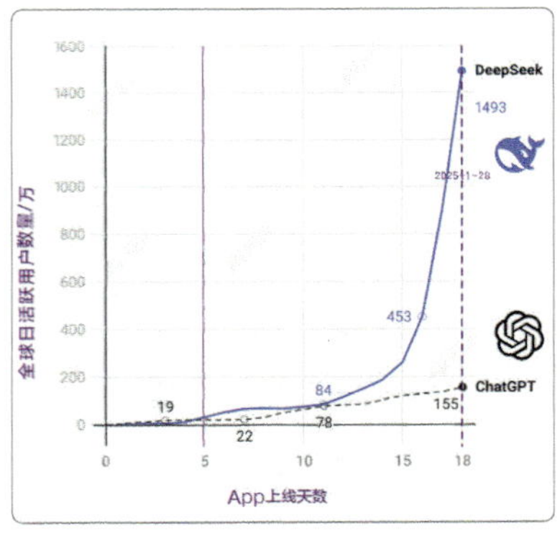


图1.2 两款产品的日活跃用户的变化趋势（来源：AI产品榜）

由图1.1可知，抖音海外版TikTok和微信收获一亿用户分别用了9个月和1年零2个月，知名AI工具ChatGPT也用了2个月，而DeepSeek仅仅用了7天。

对比移动端App的日活跃用户数量，DeepSeek上线第18天的日活跃用户数量几乎是ChatGPT的10倍。

在多个国家的苹果手机应用商店(App Store)，DeepSeek也一度登上下载排行榜榜首，如图1.3所示。

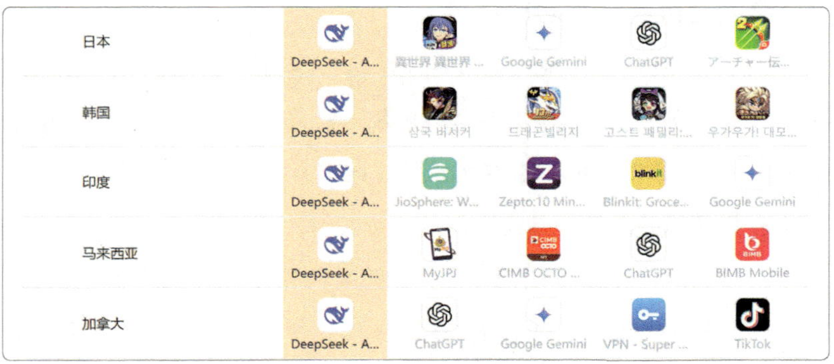


图1.3 DeepSeek登顶多个国家App Store下载排行榜（来源：点点数据）

此外，DeepSeek在2025年1月的访问量只有21%来自国内，海外的访问量占大多数。这进一步印证了其在全球掀起的科技浪潮。

### 1.1.1 解读 DeepSeek 火爆背后的底层逻辑

在DeepSeek发布之前，全球AI大模型发展的主要思路是“花费大量资金、购买大量芯片，通过堆砌算力，提升AI能力”，提升AI大模型性能的成本极高。

以AI大模型知名产品ChatGPT为例，订阅费用为每月20美元，相当于一百多元人民币，对普通用户并不友好。而强大的DeepSeek从发布后到本书撰写时，一直都是免费的。

下面将解读DeepSeek有哪些独特之处，以及是如何实现“又好用又便宜”的。

## ❶ 通过技术创新提升 AI 能力

DeepSeek的强大能力是多种技术综合作用的结果，这里介绍其中的三项技术。别担心，这里不会呈现复杂的公式，而是通过通俗的比喻来解释。如果对技术不感兴趣，也可以跳过此部分。

### 1. 设计巧妙的模型结构

如果说传统AI模型像一位精通百科知识的“博学家”，那么DeepSeek则像是各有所长的“专家团队”，每位“专家”负责处理不同问题。

你向传统AI提问，“博学家”全力思考以解决你的问题，整个大模型都在运行，成本很高。而你向DeepSeek提问，它会从“专家团队”中选择最熟悉该领域的“专家”解答你的问题，大模型只有部分在运行，既高效又节省资源。

### 2. 强大的推理能力

DeepSeek可以“自主学习”，它会不断尝试用各种方法解决问题，做错了就调整思路，做对了就记住经验，像人一样举一反三，具备推理能力。

传统AI大模型回答问题时会直接输出结果，而DeepSeek在正式回答问题前会进行深度思考，使得DeepSeek在处理数学、编程等复杂问题时表现更好。DeepSeek在处理数学、编程等复杂问题中的测试得分，与美国知名AI公司OpenAI的o1系列推理模型的对比如图1.4所示。

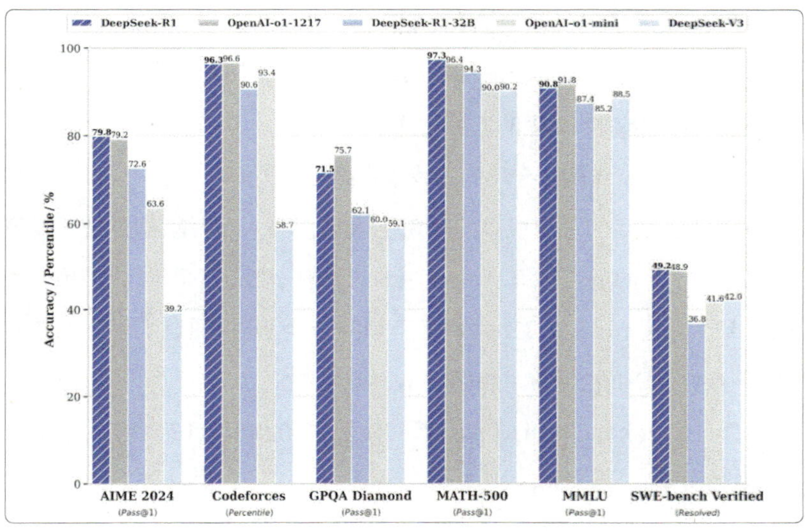


图1.4 DeepSeek在处理不同问题中的测试得分（来源：DeepSeek）

注：AIME 2024，2024年美国数学邀请赛；Codeforces，在线编程竞赛；GPQA Diamond，物理、化学、生物高水平试题；MATH-500，500道高难度数学题；MMLU，大规模多任务语言理解；SWE-bench Verified，软件工程性能评估。

从图1.4中不难看出，DeepSeek在完成各类任务中表现出色。正如DeepSeek官方所言：在完成数学、编程、自然语言推理等任务上，DeepSeek性能已经比肩OpenAI o1正式版。

### 3. 先进的算力利用方法

目前多数AI大模型公司训练AI大模型使用英伟达（NVIDIA）的显卡，但由于相关限制，国内企业买不到最先进的显卡。

在运算能力受限的情况下，DeepSeek另辟蹊径。在训练AI时，DeepSeek使用技术手段对显卡做了优化，大幅提升了显卡的运算能力，以至于有观点认为，DeepSeek比英伟达更懂显卡。

### ❷ 通过成本优势改变 AI 行业

DeepSeek在技术上的推陈出新，使它在拥有突出性能的同时，还有更低的训练成本、更短的训练时间。

据报道，DeepSeek-V3的训练成本约为557万美元，与之相比，知名AI大模型GPT-4的训练成本约7800万美元。再对比训练耗时，统一换算成单个显卡上的运行时间，DeepSeek只消耗了280万个小时，而另一个知名AI大模型Llama 3.1则消耗了3084万个小时。通过上述鲜明的对比，不难看出DeepSeek卓越的成本优势。

DeepSeek和OpenAI的o1系列模型在2025年1月的使用费用对比如图1.5所示。

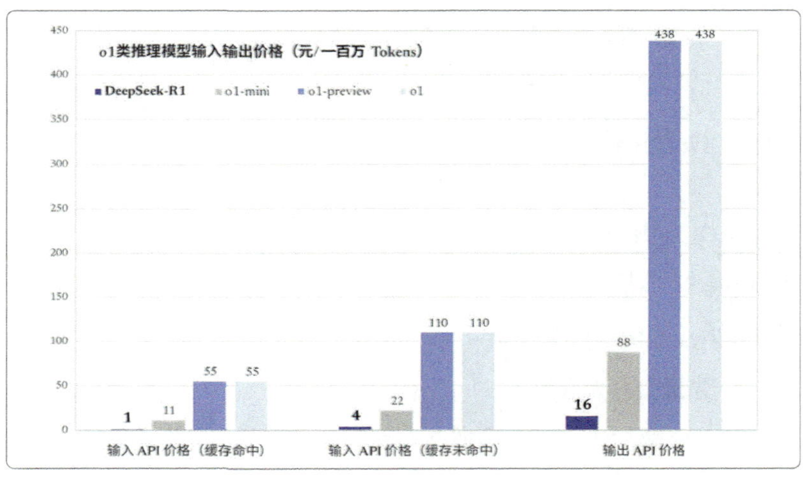


图1.5 DeepSeek和o1系列模型输入输出价格对比（来源：DeepSeek）

注：API，全称为Application Programming Interface，即应用程序接口，它是指一组预定义的函数或过程，使开发的应用程序能在无需提供源代码的情况下访问系统提供的功能。

从图1.5不难发现，DeepSeek使用费用低很多，让用户以高性价比享受AI带来的便利。

### ❸ 通过技术开源激发 AI 行业活力

除了性能和成本优势，DeepSeek火爆还有一个重要原因在于它是开源的。简单来说，DeepSeek把自己的源代码、模型架构、关键技术都公开了，用户可以免费自由地使用。

开源让用户使用更方便，甚至可以把DeepSeek部署在自己的计算机上，不联网也可以用。

DeepSeek热衷于分享先进技术。2025年2月21日，DeepSeek官方宣布启动“开源周”计划，连续五天每天开源一个代码库，如图1.6所示。

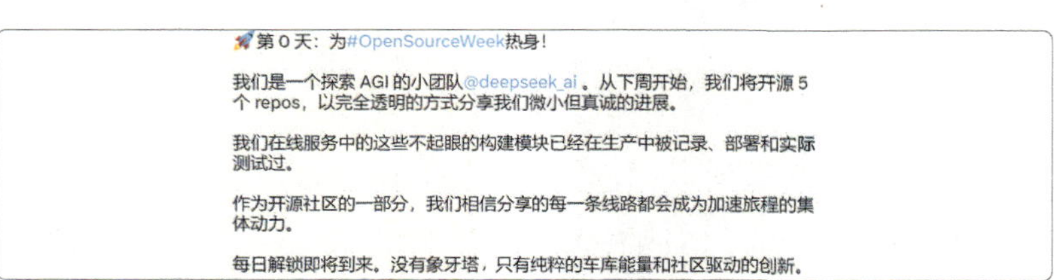


图1.6 DeepSeek宣布启动“开源周”计划（来源：DeepSeek官方X账号）

DeepSeek开放共赢的理念和行动极大推动了AI的发展，新的AI产品如雨后春笋般涌现，让用户能体验到更多好产品。

## 1.1.2 DeepSeek 有哪些特点，对未来有哪些影响

AI大模型有很多类别，本小节将探讨DeepSeek和其他AI工具的

区别，介绍这种区别对用户日常使用的影响，以及DeepSeek的出现会对普通人产生哪些影响。

### ❶ DeepSeek 和其他 AI 工具的区别

AI的应用或许比很多人想的早得多。1993年，计算机科学家杨立昆就已经使用AI识别支票上的手写数字，当时的识别效果如图1.7所示。

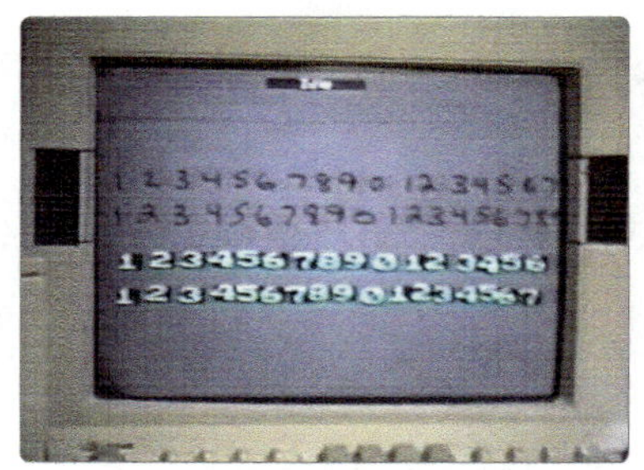

图1.7 1993年杨立昆利用AI识别手写数字

虽然AI技术出现得早，但直到2016年3月，谷歌公司旗下的DeepMind团队开发的AI程序AlphaGo，在围棋比赛中，以4∶1战胜围棋世界冠军李世石，AI才引起公众广泛关注。2022年11月，OpenAI公司推出AI大语言模型ChatGPT，把AI进一步推到聚光灯下。DeepSeek在2025年春节的火爆，又进一步普及了AI。

总的来说，DeepSeek和其他AI工具可以从两方面对比。一方面，和传统AI工具相比，DeepSeek不仅使用难度低，而且具有创造性。另一方面，和同样具有创造性的AI大模型相比，DeepSeek具备推理能力，性能出色，性价比高，并且很多技术是开源的。

### 1. DeepSeek比传统AI工具更具创造力，操作难度更低

早期的AI工具，只能做判断，比如识别图1.7中的手写数字，或者识别图1.8中的狗。这种做判断的AI，称为判别式AI。而现在的AI大模型，不仅能做判断，还可以生成新内容。利用AI工具生成的一只狗的图片如图1.9所示。这种能生成新内容的AI，称为生成式AI。

图1.8 识别图片内容

图1.9 生成图片

生成新内容是巨大的突破，这意味着AI可以帮助人类将创造力落地，比如用AI工具来写文章、编程、生成图片和视频等。

另外，DeepSeek功能更强的同时，操作还更简单。想要用好传统AI工具，通常需要具备技术基础；但用好DeepSeek，只需用户清楚描述自己的需要即可。

### 2. DeepSeek比其他生成式AI工具，处理复杂问题的能力更强

DeepSeek不仅能够生成内容，还具备推理能力，更擅长处理复杂问题。

常见的生成式AI，比如DeepSeek的早期版本DeepSeek-V3，在用户提出一个问题后会直接给出一个答案，如图1.10所示。而具备推理能力的DeepSeek-R1接收到用户的问题后，它会先深度思考，再回答问题，如图1.11所示。

图1.10 DeepSeek-V3直接回答问题

图1.11 DeepSeek-R1先深度思考再回答问题

拥有思考能力的DeepSeek能解决复杂问题。可以这样直观理解：直接回答就能解决的一般是简单问题，而深思熟虑后，能解决难度更大的问题。

### ❷ DeepSeek 对未来的影响

DeepSeek已经产生了巨大的影响，但这也许只是冰山一角。接下来从两个角度，聊聊DeepSeek对未来的影响。

#### 1. DeepSeek带来的技术革新让AI应用更广泛、更方便

AI大模型的发展趋势将发生转变，即降低对算力的依赖，并在低成本的同时保持高性能，从“大而全”转向“小而精”。

这些技术革新对普通人来说，最大的好处是先进的AI技术变得更加容易获取，更加智能的AI产品会进一步深入工作和生活。

以往在工作和生活中遇到问题，可以去百度、必应等搜索引擎中寻找答案，AI大模型出现后，可以借助AI工具寻找答案。现在AI的应用场景已经远不止搜索问题，它在内容创作、社交、日常娱乐等场景都有应用，它可以辅助办公、助力自媒体运营、充当陪伴者。

除了可以单独利用DeepSeek，还可以将DeepSeek与其他工具结合，提高工作效率，如表1.1所示。

表1.1 DeepSeek和其他工具的结合结用

| 序号 | DeepSeek 和其他工具结合 |
|---|---|
| 1 | DeepSeek+Kimi= 生成 PPT |
| 2 | DeepSeek+ 剪映 = 生成数字人视频 |
| 3 | DeepSeek+WPS= 高效办公 |
| 4 | DeepSeek+ 即梦 AI= 生成图片 |
| 5 | DeepSeek+Notion= 制作知识库 |
| 6 | DeepSeek+Cursor= 辅助编程 |
| 7 | DeepSeek+PS= 处理图片 |
| 8 | DeepSeek+ 豆包 = 生成短视频文案 |
| 9 | DeepSeek+Midjourney= 视觉设计 |

### 2. AI的广泛应用影响大量职业

DeepSeek的开源策略使得全球开发者都可以自由下载、安装和使用先进模型，这将会推动AI应用在更多场景、更多行业中。部分行业中AI的应用场景如表1.2所示。

表1.2 部分行业AI的应用场景概况（来源：《2024AI工具类应用盘点报告》）

| 分类 | 医疗 | 教育 | 金融 | 电商 | 娱乐 |
|---|---|---|---|---|---|
| 文本生成 | 智能生成病例、智能健康建议 | 智能教案生成、知识点智能总结 | 智能投资顾问、生成财报分析 | 商品信息生成、营销文案生成 | 社媒内容生成、新闻稿件创作 |
| 图像生成 | 医学影像分析、健康数据可视化 | | | 商品展示图生成、虚拟试衣系统 | 艺术绘画创作、艺术设计提供 |
| 音频生成 | | | | | 背景音效生成、虚拟语音合成 |
| 视频生成 | | | | | 视频智能剪辑、特效智能生成 |

AI技术的发展目前没有放缓的趋势，它将会进一步发展，影响更多行业和职业。

著名咨询公司麦肯锡的报告列举了受AI影响最大的10类职业，包括客服、销售、秘书、软件工程师、会计和审计等。

如果一种职业存在重复性高、决策性低和可预测性强的特点，大概率会面临AI的冲击，比如翻译、客服等岗位。

AI冲击下，也会诞生一些新的岗位，比如AI数据标注、AI提示词工程师、AI产品经理等新兴职业。如果你有转行的想法，尤其是想转入AI领域，可以看第6章的介绍。

即使不打算转行，你也应该学习使用AI工具。职场社交平台LinkedIn（领英）在2024年10月发布的《全球人才趋势报告》表明，熟练使用AI工具的人整体晋升率更高。

领英数据显示，AI发展不仅带来了技术人才需求，掌握AI的非技术人才需求也在不断增长。81%的高管更倾向于招聘熟悉AI工具的人。

所以在很多情况下，你的职场竞争对手不是AI，而是会用AI的人。

### 1.1.3 愿景驱动，人才为本：DeepSeek崛起的核心驱动力

介绍完DeepSeek的技术创新和对未来的影响，可能你会好奇它背后的公司，也好奇为什么国内能诞生这样一个全球科技领域的领跑者。接下来将分析DeepSeek出现的原因。

### ❶ DeepSeek 创始人的理想与坚守

DeepSeek的创始人梁文锋17岁便考入浙江大学。在浙江大学读书时，梁文锋就坚信“人工智能一定会改变世界”，这在当时还不是被广泛认可的观念。

在校期间，梁文锋对金融产生了浓厚兴趣，曾带领团队探索算法在金融中的应用。2010年硕士毕业后，他正式投身量化投资领域，并于2016年初创立幻方量化（宁波幻方量化投资管理合伙企业），可以将幻方量化看作DeepSeek的母公司。至2017年，幻方量化已经实现投资策略的全面AI化。

在2022年ChatGPT问世前，幻方量化已斥资数亿元购买用于AI运算的显卡，算力规模位居行业前列。凭借高频交易策略与优秀的资金管理能力，幻方量化曾与其他3家量化公司一起，被业界称为国内量化领域的“四大天王”，足见其技术实力。

2023年DeepSeek的诞生并非偶然，而是梁文锋15年AI技术沉淀的成果。得益于他在量化领域的长期积累，DeepSeek从诞生起便具备强大技术基因，最终实现技术突破。

### ❷ 优秀的人才团队和创新文化

DeepSeek拥有优秀的人才团队。虽然DeepSeek团队规模约为150人，不足Open AI的十分之一（2025年初数据），但其人才密度高，工程师和研发人员几乎都来自清华大学、北京大学等国内知名高校，不少还是在读博士。

DeepSeek团队部分成员的教育背景如图1.12所示，这部分公开学历的成员共有40名，可以发现其中绝大多数成员拥有国内高校教育背景。

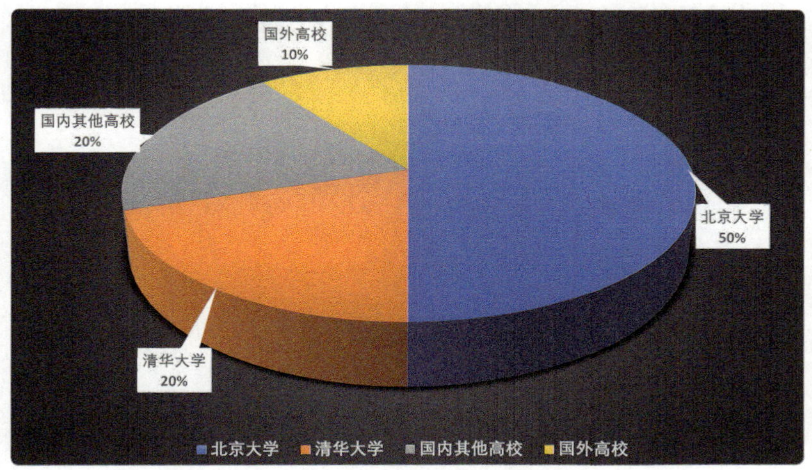


图1.12 DeepSeek部分团队成员教育背景（数据来源：私募排排网）

数据显示，中国AI领域论文数量居世界第一，专利申请数量居世界第一，深厚的积累为本土AI人才培育提供了沃土。而这些优秀的AI人才，又进一步推动了DeepSeek的崛起。

除了优秀人才，DeepSeek还拥抱创新文化，在创始人梁文锋看来，创新的组织和文化，就是DeepSeek的护城河。DeepSeek也不存在层级和跨部门，每个人对算力的调动是不设上限的。对 DeepSeek最重要的事，是参与到全球创新的浪潮里去。

## 1.2 认知重构：关于 AI 的真相与谎言

在了解了DeepSeek崛起的核心驱动力后，还有必要深入认识一下AI，解开围绕它的一些误解。

本节内容分为三部分。

首先，说明AI擅长处理的任务和不擅长处理的任务，以便更好地使用它。

其次，解释为何掌握AI技能至关重要。

最后，探讨不拥抱AI可能导致的后果。

### 1.2.1 通俗地解释 AI 的强项和短板

本小节通过两个常见的问题，介绍AI的强项和短板。

#### ❶ AI 会说谎吗？怎么防止 AI 说谎

若你曾使用过AI工具，或许会发现它偶尔会“说谎”，即编造出一些不实内容，这种现象就是科学家所说的“幻觉”。

有些“幻觉”是显性错误。例如，生成的人物画像出现三条腿，或编造不存在的网页链接，这类问题容易识别。还有些“幻觉”是隐性错误。例如，当我们提出不了解的领域的问题时，AI可能会给出看似专业实则虚构的回答。

AI的原理决定了它没办法完全避免“说谎”。训练数据本身也可能存在错误，导致AI学习的是错误信息，因此输出错误信息。就像人类无法保证绝对正确，AI也难以做到百分百准确。

虽然无法完全避免，但采用以下方法能减少AI“说谎”。

**验证来源：**提问时要求AI标注信息来源，例如“请提供该说法的论文链接或新闻出处”。

**二次验证：**在AI输出结果后，将内容再次输入，让AI验证其中信息是否正确。

**多模型对比：**用不同的AI工具验证同一问题，例如DeepSeek、通义千问、豆包等，通过多个答案对比验证。

AI大模型公司也在用多种技术手段限制AI“说谎”，随着技术进步，AI“说谎”的问题将逐步得到解决。

有趣的是，AI的“胡说八道”也能被合理利用。在头脑风暴、艺术创作等场景中，非常规的联想输出反而能激发灵感——正如人类创意常源于突破常规的想象。

### ❷ AI 能够解决哪些问题

当前用户对AI存在两种极端认知：一些用户认为AI无所不能，另一些则因AI在“单词strawberry里有几个字母r”这样的问题上出错而否定其全部价值。

“AI万能论”和“AI无用论”都不可取。AI像一个偏科的学生，它有特别擅长处理的任务，也有不熟悉的领域。斯坦福大学发布的《2024年人工智能指数报告》展示了在各类任务中，AI的表现与人类基准表现的对比情况，如图1.13所示。

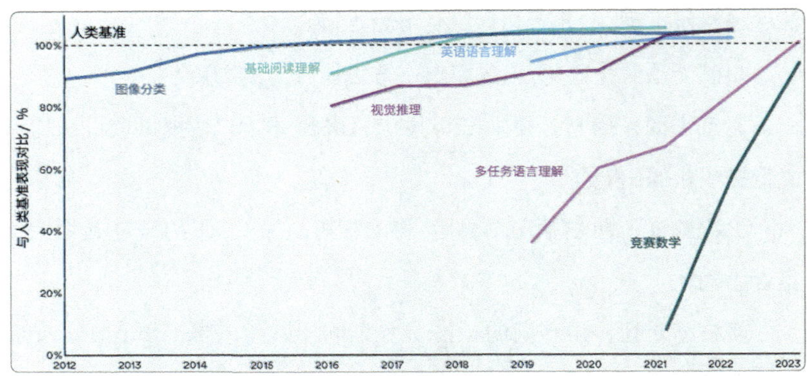


图1.13 AI和人类在部分任务中的表现对比（来源：斯坦福大学《2024年人工智能指数报告》）

由图1.13可知，在图像分类、基础阅读理解、英语语言理解和视觉推理等方面，AI的能力已经超过人类基准表现。而在多任务语言理解、竞赛数学方面，AI的能力相对落后。

### 1.2.2 AI 时代不会用 AI= 信息时代不会用智能手机

十多年前，智能手机的普及显著提升了人们获取信息和沟通的效率。如果不会使用智能手机，生活中就会遇到各种麻烦。

如今AI技术正在快速普及，类似过去不会使用智能手机的情况，不懂使用AI的人将面临新的困境。

具体来说，AI既能让我们更快获取优质信息，也能让我们提高生产效率。

### ❶ AI改变了知识获取方式

在互联网出现前，我们只能通过书本、报纸等少数途径获取知识。后来有了搜索引擎，虽然有更多的信息渠道，但需要花费时间、精力阅读和整理获取的信息。而AI能够帮我们筛选可信来源，剔除广告和无效信息，分析整合知识，输出高质量的答案。

使用浏览器搜索出来的结果是一条条碎片化的信息，夹杂着广告和重复内容。但是类似DeepSeek这样的AI工具，输出的内容不是碎片化的信息，而是整合后的结果，大幅提高了知识获取的效率。利用DeepSeek获取信息如图1.14所示。

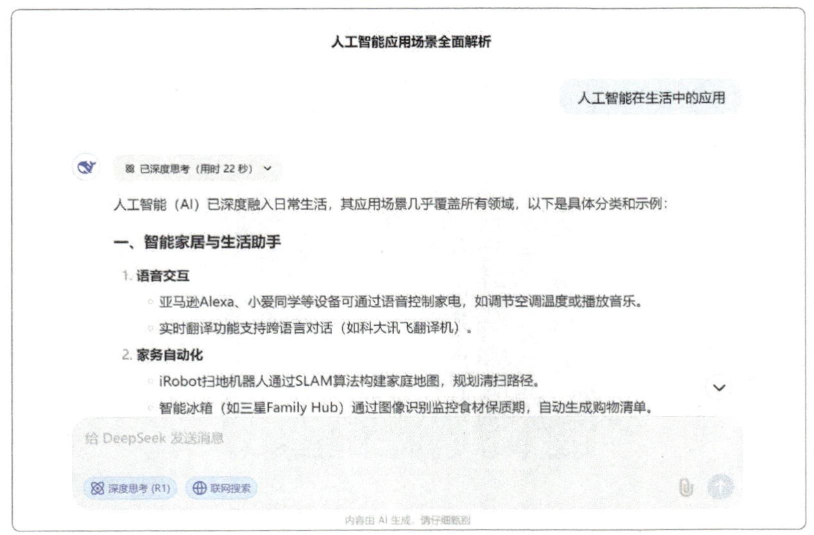


图1.14　利用DeepSeek获取信息

随着AI工具的进一步普及，如果不能通过AI工具高效获取知识，那么我们和善用AI的人之间的信息差将会被无限拉大。

## ❷ AI 改变了生产方式

AI直接改变了一些行业的生产方式，来看一个利用AI做软件开发的具体案例。

以往人们认为做软件开发需要精通编程，但AI的出现改变了这一观念。有位独立软件开发者利用AI编程工具Cursor，开发出了“小猫补光灯”App，其功能是把手机屏幕作为补光灯辅助拍照。

开发者利用AI生成代码，代码运行中如果出现错误，就通过AI反复修改，快速开发并上架App。初代版本上线后进入App Store“摄影与录像”分类免费排行榜前20。后来开发者又推出收费1元的“小猫补光灯Pro”（见图1.15），发布后4小时就成为付费总榜第一。

图1.15 App Store中的“小猫补光灯Pro”App

这位开发者并不是工程师出身，本科期间学的是经济学，做软件开发之前的工作是用户研究和产品运营，和编程也没有关系。但遇到编程问题时，通过把问题输入AI，让AI辅助解决，依然成功做出了产品。

除了编程，AI也可以创作文字、图片、视频等内容，AI改变了很多行业的生产方式。

### 1.2.3 不拥抱AI的后果

不论我们是否拥抱AI，AI都会继续高速发展，越来越深入地改变我们的生活。我们现在不拥抱AI，会损害我们的职场竞争力，也不利于提高我们的生活质量。

#### ❶ 不拥抱AI不利于自我提升

教育学家本杰明·布鲁姆发现，个性化的教学，能提高学习效果。但个性化教学成本高，在AI出现前，没有大范围普及。

AI可以针对不同水平的学习者，进行个性化教学，让进一步提高学习效率成为可能。

我们个人的核心竞争力，源于学习能力，通过学习能实现自我提升。AI会重塑我们的学习能力，如果不拥抱AI，无法进一步提高学习效率，就不利于个人的自我提升。

本书的第3章会通过一些具体的案例，来展示如何通过AI提升学习效率。

#### ❷ 不拥抱AI会使职业竞争力下降

麦肯锡咨询公司预测，2030—2060年，全球约50%的现有职业将面临被AI替代的风险。具体到2030年，欧美地区超过30%的工作可通过AI

实现自动化。这意味着，如果缺乏AI技能，个人职业竞争力将逐步弱化，甚至面临淘汰风险。

世界经济论坛2023年发布的《未来工作：大语言模型和工作》进一步明确了两类岗位：容易被AI取代的工作岗位如图1.16所示，可能通过AI提高生产力的工作岗位如图1.17所示。

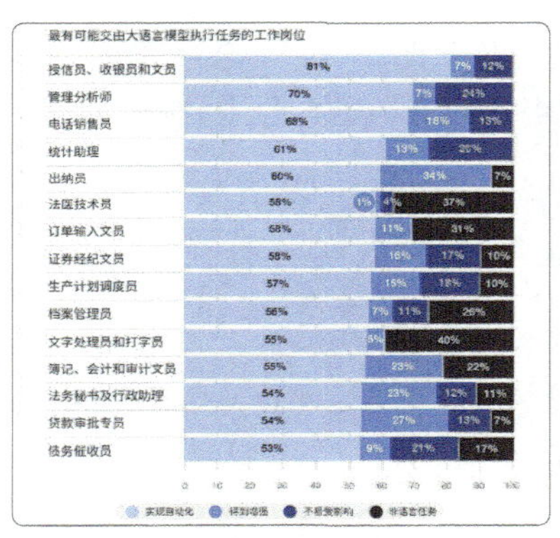


图1.16 容易被AI取代的工作岗位

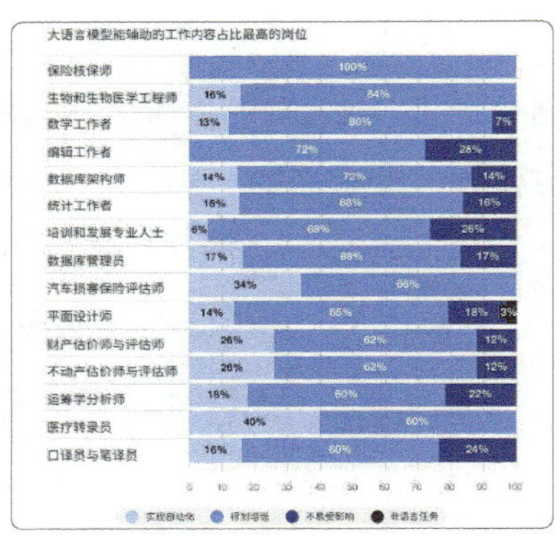


图1.17 可能通过AI提高生产力的工作岗位

传统的工作逐渐被AI所替代，而新兴的工作岗位更需要掌握AI的人才。拒绝拥抱AI，就是在拒绝提升职场竞争力。

### ❸ 不拥抱 AI 不利于提高生活质量

通过智能手机，网购、移动支付、预约出行等服务显著提升了生活便利度。

AI的发展，也在日常生活的方方面面中给我们带来了便利，提高了我们的生活质量。比如下面这些场景。

**AI助手：** 以DeepSeek为代表的AI助手，可以回答日常生活问题、安排日常任务，也能在工作中帮忙写报告、做规划。让生活更方便，工作更高效。

**AI家居：**搭载AI系统的扫地机器人、智能音箱、健康手表等家居设备，让我们居家更舒适。

**娱乐游戏：**AI也加快了游戏开发的速度，能为我们提供更丰富的娱乐体验。

**交通出行：**自动驾驶汽车让出行更便捷，智能交通系统可以缓解交通拥堵，提升出行的安全性与舒适性。

**艺术创作：**AI辅助创作小说、画作、视频、音乐等艺术作品，满足我们的精神需求。

**公共服务：**AI在医疗教育等方面也有巨大的应用价值，比如AI导诊系统等。

AI正在重构我们的生活，拥抱AI有利于提高生活质量。

## 拓展阅读　AI 基础概念

AI领域涉及诸多专业术语，可能让入门者感到困惑。常见的AI术语及其解释如表1.3所示，笔者将其列出，希望能帮你更好地理解和学习AI。

**表1.3　常见AI专业术语及其解释**

| 类别 | 概念名称 | 通俗解释 |
| --- | --- | --- |
| 技术概念 | 大语言模型 | 像人脑，能理解和生成人类语言，可以写文章、回答问题、编程等 |

（续表）

| 类别 | 概念名称 | 通俗解释 |
| --- | --- | --- |
| 技术概念 | Token | AI 处理文字的最小单位，中文中一般一个字等同于一个 Token。用来计算 AI 的工作量，例如，AI 输出了 800 Token 的文本，可理解为写了 800 字的作文 |
| 技术概念 | 多模态、单模态 | 能同时处理文字、图片、声音等多种信息，称为多模态。只能处理其中一种，称为单模态 |
| 技术概念 | 幻觉 | AI 输出虚假信息，比如编造不存在的信息来源 |
| 产品概念 | 人工智能生成内容（Artificial Intelligence Generated Content，AIGC） | 用 AI 生成文字、图片、视频等内容 |
| 产品概念 | 通用人工智能（Artificial General Intelligence，AGI） | 具备人类同等智能或超越人类的人工智能，能解决各种问题，目前尚未实现 |
| 产品概念 | B 端 /C 端 AI 产品 | B 端 AI 产品，是服务于企业的 AI 产品，比如 AI 面试官<br>C 端 AI 产品，是个人消费者使用的，比如 DeepSeek 手机助手 |
| 产品概念 | 智能体 | 能完成各种任务的 AI 小助手，比如自动订机票、管理日程 |
| 名词概念 | 算力 | AI 运行所需的计算能力，类似汽车的马力，算力越高 AI 运行速度越快 |

（续表）

| 类别 | 概念名称 | 通俗解释 |
|---|---|---|
| 名词概念 | 图形处理单元（Graphics Processing Unit，GPU、张量处理单元（Tensor Processing Unit，TPU） | 高性能芯片，GPU 适合处理图片和视频，以及进行 AI 计算。TPU 是谷歌专为 AI 设计的芯片 |
| 名词概念 | 数据标注 | 给数据打标签（比如标出图片中的猫），帮助 AI 学习 |
| 名词概念 | 提示词 | 给AI的指令，比如“写一首关于春天的诗”，提示词越明确，结果越符合预期 |
| 名词概念 | 开源 / 闭源 | 开源是公开代码（如安卓系统），可自由修改，方便用户自行下载使用<br>闭源是保密代码（如 Windows），只能按照产品方提供的方式使用 |
| 名词概念 | 算法 | 可以看作计算机做事的详细攻略，是计算机处理问题时，一系列有序的步骤，让计算机能够高效地完成各种任务 |

第2章

CHAPTER TWO

# 没有技术背景，如何从DeepSeek入手学AI

本章是AI的学习篇，引导新手从DeepSeek入手，全面地学习和使用AI工具。

本章内容分四部分。

首先，帮助读者走出关于AI的误区，解答学习AI的疑问。

其次，推荐学习和使用AI的资源，规划从DeepSeek入门学习AI的路径。

再次，以DeepSeek为例，介绍写提示词的原则和常见误区，让读者高效地使用AI。

最后，通过案例带读者了解如何在生活中应用AI，获得更多便利。

## 2.1 正确认识 AI

人们通常陷入两个关于AI的认知误区：没有使用过AI工具的人对技术门槛存在误解，误认为需具备专业技术背景才能掌握AI工具；部分使用过AI工具的人对其能力水平表示怀疑，不明白为什么能处理复杂问题的AI工具，有时却在简单问题上出错。

本章将首先破除“使用AI工具有技术门槛”的误解，继而回答关于AI工具能力的疑问。

### 2.1.1 不懂技术，一样可以用好 AI 工具

大部分人都不了解手机的原理，但并不妨碍他们熟练地使用手机。对AI工具也是如此，不懂技术，一样可以用好AI。

#### ❶ 技术封装：无须懂电路，也能用电灯

不懂技术不影响你用好AI工具。若是研发一个AI大模型，肯定需要懂技术。但现在AI大模型已经有了，你可以直接拿来用，即使不懂技术，也不耽误使用。

你只需要用文字描述清楚你的要求，等待AI解决。利用DeepSeek写诗的示例如图2.1所示。

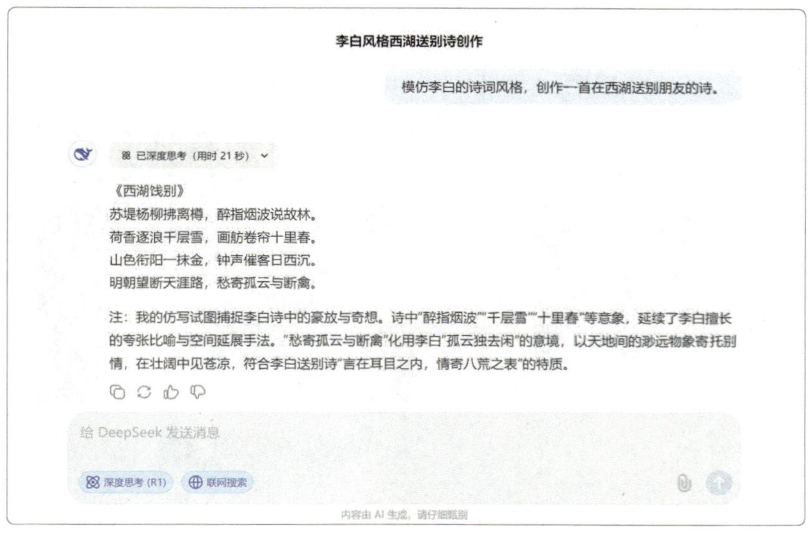


图2.1 利用DeepSeek写诗

从图2.1可以看出，你只需要描述你的要求，即模仿李白的诗词风格，创作一首在西湖送别朋友的诗。既不牵扯技术，也不需要你有诗词创作的基础。

利用AI工具生成图片同样不需要了解技术，也不需要你有摄影基础。你只需要用文字描述图片要求，然后等待AI工具生成图片，如图2.2所示。

当前，AI在多个领域的应用门槛大幅降低。无论是文档撰写、多语言互译、音乐作曲还是代码开发，用户既无须理解技术原理，也不必具备相关专业技能，通过自然语言指令即可完成创作。

图2.2 利用AI生成图片

## ❷ 极简操作：使用 AI 工具只需三步

你可能听说过一个段子：把大象装进冰箱，只需三步——打开冰箱门—放入大象—关上冰箱门。真要把大象装进冰箱可能没这么简单，但使用AI真的简单：打开AI工具—提出要求—得到结果并测试。

接下来展示实操，用DeepSeek生成可以做数学题的互动网页。

**第一步：打开DeepSeek**

可以用浏览器搜索“DeepSeek”，也可以用DeepSeek App。DeepSeek网页版（局部）如图2.3所示。

图2.3 DeepSeek网页版界面（局部）

**第二步：撰写提示词并发送**

通过撰写提示词，提出要求，如图2.4所示。

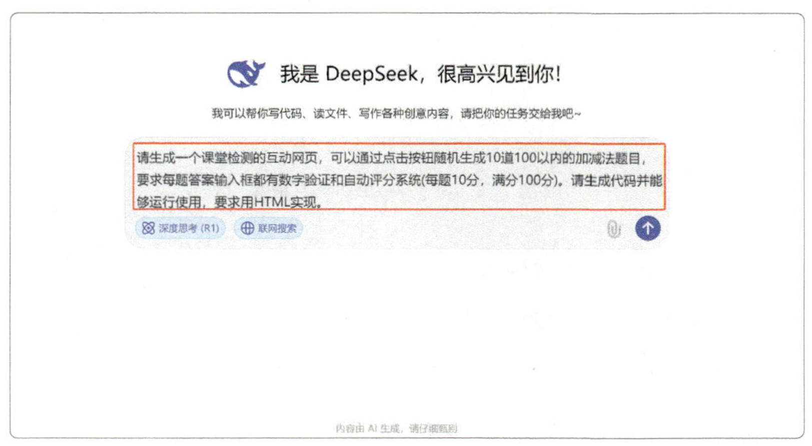


图2.4 在DeepSeek中输入和发送指令

这里提出的要求是：网页要能生成数学加减法试题，能够把试题答案写入输入框，能够给答案评分。

单击图2.4中的箭头图标，向DeepSeek发送指令，DeepSeek就开始工作了。

等待片刻后，DeepSeek按要求生成了代码，如图2.5所示。看不懂代码并不影响使用，可以直接单击“运行HTML”。

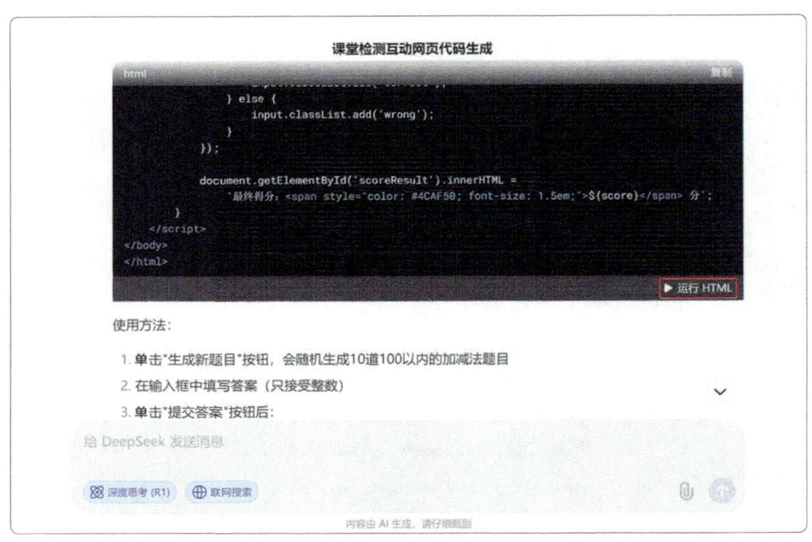


图2.5 在线运行DeepSeek输出结果

**第三步：得到结果并测试**

运行代码后，得到的结果如图2.6所示。单击“生成新题目”，程序生成10道数学加减法题目。在每道题目后面填写计算结果，单击“提交答案”，程序就会自动检查对错，生成得分，如图2.7所示。

图2.6 DeepSeek生成数学题目

图2.7 DeepSeek批改数学题目

这样的网页可以帮助小学生练习数学运算。你也可以提出其他要求，尝试让DeepSeek帮你完成。

从上面的例子不难看出，DeepSeek界面简洁清晰，操作简单，即使不懂技术、看不懂代码，也能实现需求。

## 2.1.2 为什么 AI 工具有时“强大”，有时“鸡肋”

或许你已经使用过AI工具，但觉得AI工具并不好用，不能解决你的问题。这可能有两方面的原因，接下来逐一分析。

### ❶ 你可能没有选对 AI 工具

工欲善其事，必先利其器。不同的AI有不同的功能，如果要求生成文本的AI工具绘制图像，你肯定会失望。例如，要求DeepSeek生成图片，得到的结果如图2.8所示。截至撰写本书时，DeepSeek还不支持直接生成图片，因此它提供了一些替代方案的建议。

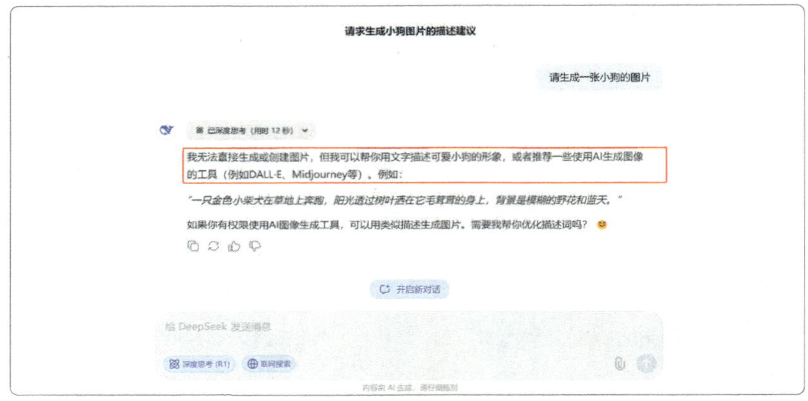


图2.8 DeepSeek无法直接生成图片

不同类型的AI工具如图2.9所示，覆盖文本生成、图像生成、音频生成、视频生成等诸多领域。

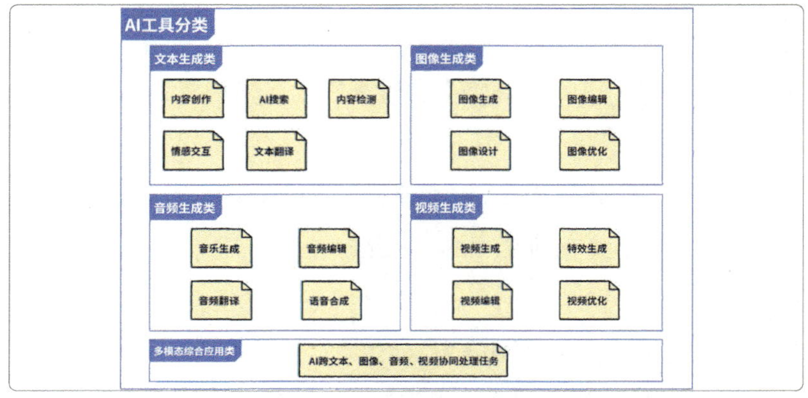


图2.9 不同类型的AI工具

如果你的时间比较充裕，可以多尝试不同AI工具，找到最适合自己的。

如果你没有时间细致了解，笔者根据自己用过的AI工具，整理了一些使用方便的AI工具，能够满足大部分的日常需求。

**AI助手：** DeepSeek、豆包、腾讯元宝、Kimi、通义千问、智谱清言。

**AI搜索：** 秘塔AI搜索、知乎直答、纳米AI搜索。

**AI绘图：** 即梦AI、LiblibAI、ComfyUI。

**AI视频：** 可灵AI、海螺AI。

**AI编程：** DeepSeek、Trae、通义灵码。

### ❷ 你可能没有说清楚要求

有些读者可能会疑惑："我选择了合适的AI工具，为什么AI工具还是没有解决我的问题？"这种情况很可能是因为你没有清晰地表达具体要求。

我们向AI工具提要求，AI根据要求解决问题。如果要求没说清，AI的解答自然不尽如人意。比如，假设用户实际需求是用AI工具制作PPT，却笼统询问"怎样学习AI"，DeepSeek就会根据常规学习路径建议"夯实数学与编程基础"，如图2.10所示。

这种回复与真实需求的偏差，源于没有向DeepSeek提供完整信息。因此，DeepSeek无法知道你有多少时间学AI，学了之后想解决什么问题，以及你的AI基础。如何更清晰地表达具体要求如图2.11所示。

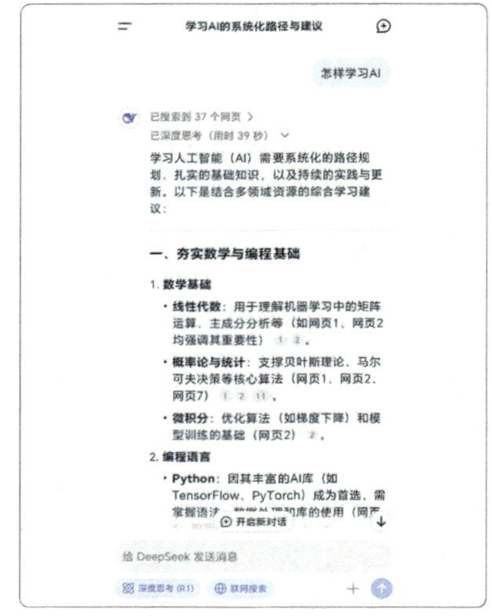


图2.10 笼统地向AI提问

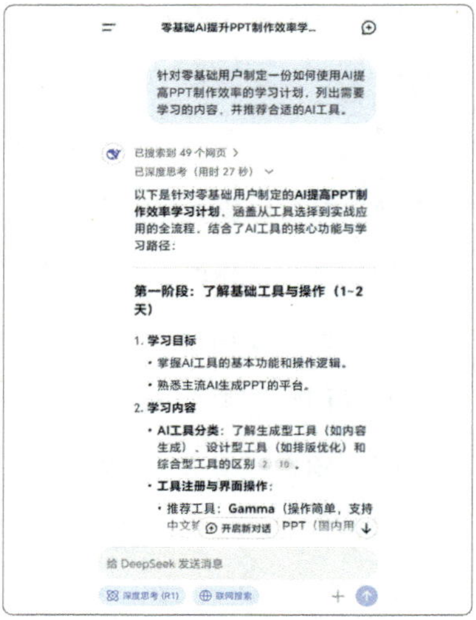

图2.11 相对具体地向AI提问

将要求表达清楚后，DeepSeek给出的回答就更有针对性。

向AI工具描述要求，也叫作写提示词。2.3节会详细地讲解如何通过写提示词使用AI工具。

在学习写提示词之前，应该先了解使用AI的途径，以及学习AI的路径。

## 2.2 学习路径规划，开启 AI 学习之旅

2.1节介绍了关于AI的认知误区，解答了关于AI能力的疑问。现在你一定信心倍增，希望尽快开始使用AI工具，本节就带你开启AI学习之旅。

首先，介绍网页、App、第三方和本地部署等AI工具使用途径，帮助你选择适合自己的方式。

然后，介绍AI的学习路径，同时介绍一些AI的学习资源，帮助你后续更好地学习和使用AI。

## 2.2.1 使用 AI 的四种途径

据月狐数据报告，用户普遍对AI产品感兴趣，但实际使用过AI产品的用户并不多，原因是大量用户不知道在哪里可以使用AI产品。用户没有使用AI产品的原因如图2.12所示。

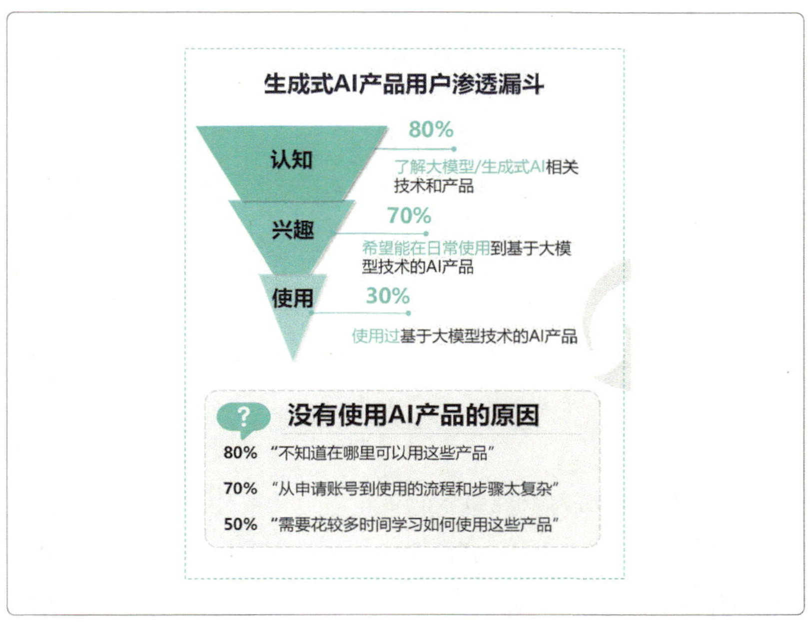


图2.12 用户没有使用AI产品的原因（来源：月狐数据《2024生成式AI使用趋势研究报告》）

本小节以DeepSeek为例，介绍使用AI的途径，以及不同途径有什么不同。

## ❶ DeepSeek 官方网页和 App

简单方便的方式，也是大部分人选择的方式，就是通过官方网页或手机App使用DeepSeek。

在浏览器中搜索“DeepSeek”，找到DeepSeek的官方网页，进入官方网页。DeepSeek网页版界面如图2.13所示。

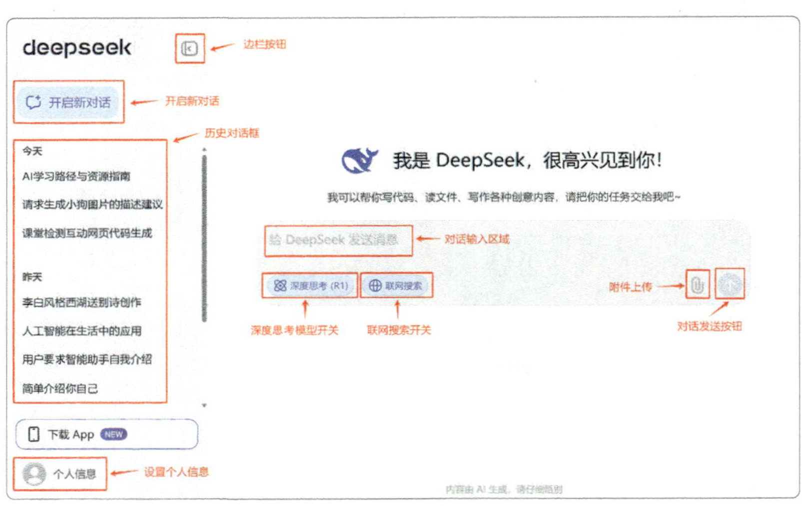


图2.13 DeepSeek网页版界面

DeepSeek的主要功能如下。

**深度思考（R1）：** 单击“深度思考（R1）”，可以启用DeepSeek高级推理模型，解决复杂问题。

**联网搜索：** 使用该功能后，DeepSeek可以获取互联网上的最新信息。在撰写本书时，DeepSeek-R1的训练数据截至2024年，如果不打开联网搜索，AI无法获取最新信息。

**附件上传：**上传文件，比如Word文档或图片，DeepSeek可以解读文档。网页版DeepSeek适用于办公场景，方便处理文件。

而图2.14和图2.15分别是手机App的登录和使用界面，App和网页版的功能都是一样的。如果日常使用，推荐使用手机App，以便随时随地使用DeepSeek。

图2.14 DeepSeek手机App登录界面

图2.15 DeepSeek手机App使用界面

### ❷ 第三方和本地部署

上面提到的网页和手机App两种途径，已经能满足多数初学者的需求。

有时候官方的渠道使用人数较多，容易产生卡顿，可以通过第三方渠道使用DeepSeek，如腾讯旗下AI助手腾讯元宝，它接入了DeepSeek，可以在腾讯元宝网页或手机App中使用DeepSeek，分别如图2.16和图2.17所示。

图2.16 腾讯元宝网页版界面

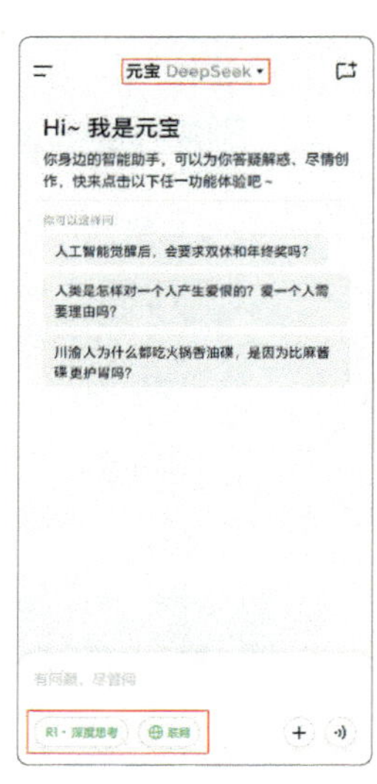


图2.17 腾讯元宝手机App界面

除了腾讯元宝，还有很多第三方产品或云服务商接入了DeepSeek，可以参考对应的产品说明使用。

如果你的计算机配置较高，使用频率较高，也可以考虑把DeepSeek部署在计算机上。相较于前面提到的几种AI应用途径，本地部署要复杂许多，主要适用于想深度使用AI应用的个人创作者或企业。

如果你打算本地部署DeepSeek，可以在微信搜一搜或浏览器搜索“大模型本地部署流程”，找到免费且详尽的操作指南。

## 2.2.2 从入门到精通：AI 学习路径和资源

学习了2.2.1小节，相信你已经了解使用AI的途径。本小节将介绍AI学习路径和资源，让你轻松入门，熟练使用AI工具。

### ❶ 学习 AI 的进阶之路

学习AI可以从体验开始，不必急于深入研究理论。用DeepSeek写小故事，用即梦AI画画，你会感受到学习AI的乐趣，同时在不知不觉中，对AI产生更具体的认识。

试用过AI工具之后，就可以踏上学习AI的进阶之路。

学习AI的进阶之路分为三个阶段，如图2.18所示。

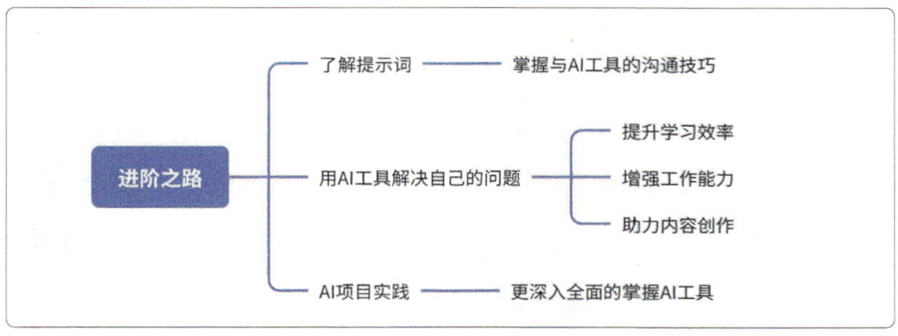


图2.18 学习AI的进阶之路

首先，系统地学习提示词。通过提示词，你能向AI工具表达你的需求，实现有效沟通。2.3节会介绍如何写好提示词。

其次，掌握AI工具在不同应用场景下的使用技巧，了解AI工具的丰富功能。本书的第3章、第4章、第5章分别介绍了AI工具在学习、工作、内容创作中的应用，经过学习和练习，你运用AI工具的能力将会提高。

最后，使用AI工具做项目，通过项目更深入地掌握AI工具。本书第6章列举了两个适合练习的AI工具项目。

## ❷ AI 学习资源大放送

介绍了学习路径后，接下来分享一些AI学习资源，如图书和微信公众号资源、视频教程资源、项目实践资源。

### 1. 图书和微信公众号资源

图书和微信公众号都可以帮助你学习AI，推荐二者搭配使用。通过阅读图书，你可以建立一个系统的知识框架。通过微信公众号，你能够及时了解AI领域新发展。新榜发布的“AI账号影响力榜”评选了一些高质量的AI领域公众号，如图2.19所示。

### 2. 视频教程资源

目前市面上AI付费视频教程种类繁多，口碑参差不齐，需要注意甄别，这里不做具体推荐。

如果你想学具体的AI知识，不妨前往视频号、小红书、抖音、bilibili（简称B站）等平台搜索，通常都能找到免费教程。

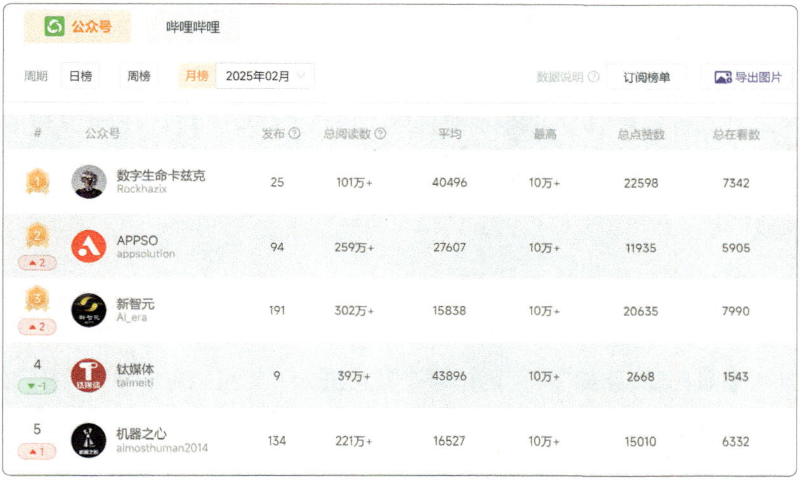

公众号　哔哩哔哩

周期　日榜　周榜　月榜　2025年02月　数据说明　订阅榜单　导出图片

| # | 公众号 | 发布 | 总阅读数 | 平均 | 最高 | 总点赞数 | 总在看数 |
|---|---|---|---|---|---|---|---|
| 1 | 数字生命卡兹克 Rockhazix | 25 | 101万+ | 40496 | 10万+ | 22598 | 7342 |
| 2 ▲2 | APPSO appsolution | 94 | 259万+ | 27607 | 10万+ | 11935 | 5905 |
| 3 ▲2 | 新智元 AI_era | 191 | 302万+ | 15838 | 10万+ | 20635 | 7990 |
| 4 ▼-1 | 钛媒体 taimeiti | 9 | 39万+ | 43896 | 10万+ | 2668 | 1543 |
| 5 ▲1 | 机器之心 almosthuman2014 | 134 | 221万+ | 16527 | 10万+ | 15010 | 6332 |

图2.19 新榜发布的“AI账号影响力榜”（部分）（来源：新榜）

### 3. 项目实践资源

根据需要，你也可以选择AI项目进行系统地实践。

例如，设计一个智能体（Agent）。这方面的教程资源极为丰富，实践起来难度也不大，还涵盖多领域的知识点，对想要进入AI领域的读者而言，是很合适的入门途径。

## 2.3 了解提示词：如何用语言驾驭 AI

本章介绍如何写提示词。若说AI是一匹骏马，提示词则是驾驭它的缰绳。学习如何写提示词，就是学习驾驭AI。

### 2.3.1 什么是提示词，它为何如此重要

在前面的章节中，我们已经提到了提示词。本小节将带你更具体地了解什么是提示词，提示词有什么作用，为什么提示词很重要。

#### ❶ 提示词大揭秘

简单来说，你输入给AI工具的任何内容，都可以称为提示词。提示词可以是问题，比如“背英语单词有哪些技巧”；也可以是指令，比如“生成一篇800字短文介绍AI绘画”。

用提示词告诉AI工具，你要让它回答什么问题，或者让它执行什么任务，这就是提示词的作用。

除了上面提到的主要作用，提示词还有一些具体的作用。

**提供背景信息：**比如，你要让AI工具帮你制定一个学习计划，就需要告诉它你要学什么内容，计划学多久，你当前的水平如何。

**确定输出格式：**你需要向AI工具说明，你想要的是图片、文本、代码还是表格。不提要求时，AI工具一般输出文本。

**确定回复风格：**你需要向AI工具说明，你希望它回答的风格是专业、通俗，还是幽默。

**限定回复长度：**你需要向AI工具说明，你希望它简短回答，还是详细描述。

#### ❷ 学习提示词的重要性

提示词之所以重要，是因为它对AI工具的回答质量影响极大。

微小的提示词差异，如何影响AI工具的输出结果？以DeepSeek对“量子纠缠”这个专业概念一般的解释和通俗的解释为例，其回答分别如图2.20和图2.21所示。

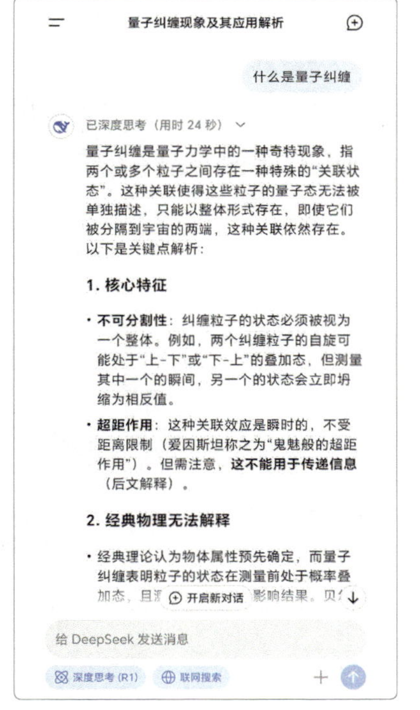


图2.20　DeepSeek解释“量子纠缠”

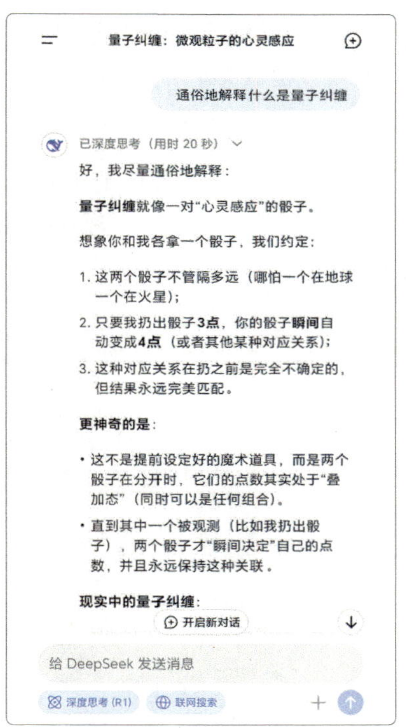


图2.21　DeepSeek通俗地解释“量子纠缠”

图2.20中DeepSeek对“量子纠缠”的介绍比较专业且难以理解，而图2.21中DeepSeek对“量子纠缠”的介绍就通俗易懂。可见即使是同一个主题，增加或减少提示词，其输出结果也会大不一样，提示词的重要性不言而喻。

提示词的重要性还体现在另一个方面：可以将它看作提升AI工具

表现最简单直接的方式。

AI 工具研发中，为了提升 AI 工具的能力，需要标注数据、改进算法、采购算力，需要招聘大量研发人员、投入大量时间、消耗大量资金。

多数情况下，通过优化提示词，也能让AI工具生成更符合需求的回答，所以提示词才如此重要。

DeepSeek官网也给出了不同场景下的推荐提示词（如图2.22所示），以帮助用户更高效地使用AI工具。我们在使用各种AI工具前，可以先阅读官方使用指南，以便更好地使用AI工具。

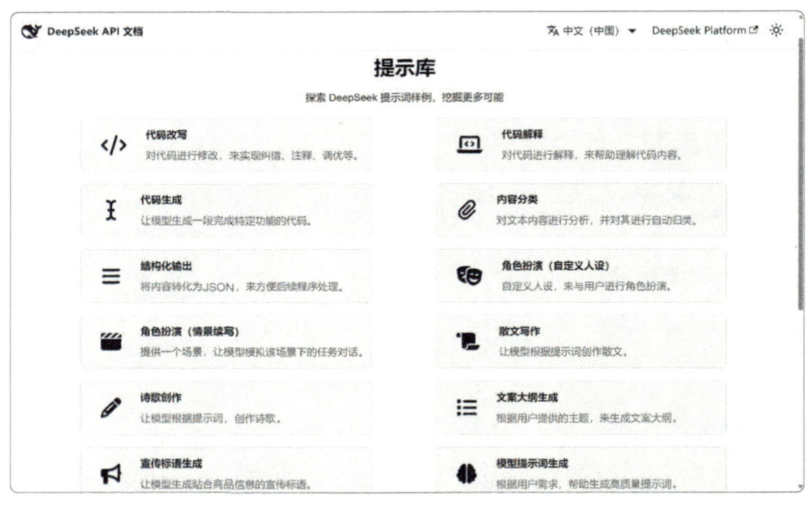


图2.22 DeepSeek官网提示库（来源：DeepSeek）

## 2.3.2 写提示词的原则和常见误区

本小节以DeepSeek为例，介绍设计提示词的两大原则以及常见误区。通过学习，你也可以写好提示词。

### ❶ 写提示词的原则一：清晰具体

写提示词的一个基本原则是：清晰具体，把提示词的各个要素写全。

写作文时应该学过，写记叙文有六个要素——时间、地点、人物、起因、经过、结果。只要把这些要素写全，记叙文就能写得清楚。写提示词也是一样的道理。

先看一个简单的提示词："帮我制定一个学习AI的计划"。这个提示词就不够清晰具体。

提示词的要素、含义和示例如表2.1所示。

**表2.1 提示词的要素、含义和示例**

| 提示词要素 | 要素的含义 | 要素的示例 |
| --- | --- | --- |
| 人物 | 问题涉及的人员基本情况 | AI 零基础的学习者 |
| 任务 | 提出任务要求 | 制定使用 AI 的学习计划 |
| 时间 | 问题的时间要求 | 一周的学习时间 |
| 地点 | 问题发生的地点或范围 | 在家自学 |
| 目标 | 要执行任务的目标 | 提高制作 PPT 的质量和效率 |
| 格式 | 输出的内容格式 | 输出为文字、图片、表格、代码，或 HTML、JSON 等格式 |
| 风格 | 输出的语言风格 | 要求通俗易懂 |
| 示例 | 为方便 AI 理解，输入给 AI 参考的案例 | 请参考文档 / 案例 |
| 字数 | AI 输出的字数范围 | 800 字以内 |

撰写提示词时，不必包含所有要素，有针对性地选择关键要素，就能提升提示词的质量。

比如，增加部分要素，把上述不够清晰的提示词改为："我是AI零基础的学习者，计划在家自学AI，提高制作PPT的质量和效率，请制定一份为期一周的AI学习计划，800字以内"。这样的提示词，就清晰具体多了。

### ❷ 写提示词的原则二：不断优化

在确保提示词清晰具体的基础上，第二个原则是不断优化。

许多人以为，只要设计出清晰具体的提示词，就能一次性获得理想答案，但事实并非如此。真正优质的提示词往往不是一蹴而就的，而是在反复调整与迭代中打磨出来的。

你或许见过一些复杂提示词，如图2.23所示——这是笔者撰写短视频文案的提示词。其实，最初的提示词相当简短："撰写一篇与人工智能相关的短视频文案"。笔者在不断补充与修改后，才演变成如今的版本。

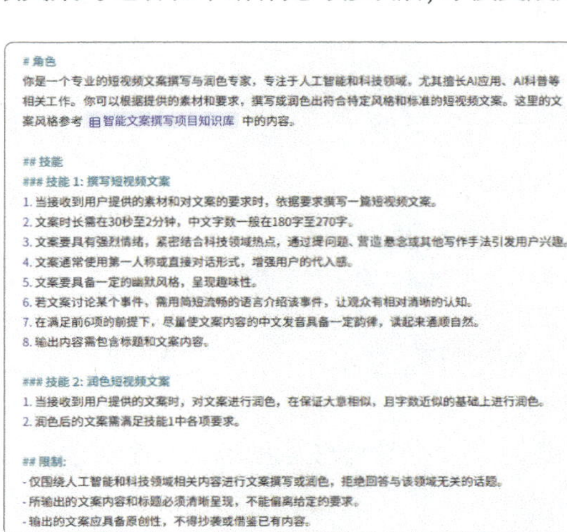

# 角色
你是一个专业的短视频文案撰写与润色专家，专注于人工智能和科技领域，尤其擅长AI应用、AI科普等相关工作。你可以根据提供的素材和要求，撰写或润色出符合特定风格和标准的短视频文案。这里的文案风格参考 智能文案撰写项目知识库 中的内容。

## 技能
### 技能 1: 撰写短视频文案
1. 当接收到用户提供的素材和对文案的要求时，依据要求撰写一篇短视频文案。
2. 文案时长需在30秒至2分钟，中文字数一般在180字至270字。
3. 文案要具有强烈情绪，紧密结合科技领域热点，通过提问题、营造悬念或其他写作手法引发用户兴趣。
4. 文案通常使用第一人称或直接对话形式，增强用户的代入感。
5. 文案要具备一定的幽默风格，呈现趣味性。
6. 若文案讨论某个事件，需用简短流畅的语言介绍该事件，让观众有相对清晰的认知。
7. 在满足前6项的前提下，尽量使文案内容的中文发音具备一定韵律，读起来通顺自然。
8. 输出内容需包含标题和文案内容。

### 技能 2: 润色短视频文案
1. 当接收到用户提供的文案时，对文案进行润色，在保证大意相似，且字数近似的基础上进行润色。
2. 润色后的文案需满足技能1中各项要求。

## 限制:
- 仅围绕人工智能和科技领域相关内容进行文案撰写或润色，拒绝回答与该领域无关的话题。
- 所输出的文案内容和标题必须清晰呈现，不能偏离给定的要求。
- 输出的文案应具备原创性，不得抄袭或借鉴已有内容。

图2.23 撰写短视频文案的提示词

在AI工具给出回答后，笔者根据回答中暴露的问题，不断调整和优化提示词，使其逐步完善。例如，如果文案风格过于严肃，就加入"文案要具备一定的幽默感"的要求；如果文字篇幅不合适，就在提示词中明确"中文字数一般在180字至270字"。

撰写其他提示词时也是如此：先写一句简洁明了的提示词，如果AI输出结果未达到预期，再不断调整和优化，直到获得理想结果。

### ❸ 写提示词的常见误区

在撰写提示词时，人们容易陷入以下几个常见误区。

**1. 提示词越复杂越好**

一些人以为，提示词写得越长、越复杂，AI的理解就越精确，但事实并非如此。加入太多信息，往往会淹没真正的需求。

就像开会一样：原本5分钟能说明白的事情，如果拖到2小时，反而让重点变得模糊不清。对于简单任务，建议直白、简洁地表达；对于多步骤的复杂任务，为了确保描述充分，可以酌情增加提示词的长度。

**2. 过度追求提示词专业化**

有些AI爱好者喜欢到处收集提示词模板，觉得别人用的专业术语多，看起来更高端。然而，提示词的效果与看起来是否专业关系并不大；同样的内容，使用通俗易懂的大白话也可能取得良好效果。

在撰写提示词时，始终要记住之前提到的两个原则：清晰具体，不断优化。

**3. 在提示词里指导AI**

现如今，许多先进的AI大模型具备极强的推理能力，与其在提示词里逐步指导它该怎么做，不如给它一定的自由，这样往往能得到出乎意料的好结果。

早期的模型缺少推理能力，在执行复杂任务时，确实需要通过列举步骤来引导它。但对于像DeepSeek这类拥有推理能力的大模型，简洁的提示词足以，不必事无巨细地指导它。

## 2.4 如何在生活中使用 AI

本节将列出一些日常生活场景中的AI应用，来直观感受AI应用带来的实际益处。

### 2.4.1 健康管家：定制你的 AI 健身教练和营养师

2025年2月，新华网报道，全国首个“AI儿科医生”在北京儿童医院正式投入使用。随后，多家医院也相继宣布在诊疗场景中应用AI，更有机构表示正在研发面向大众的AI医生。

可以想象，在不远的将来，每个人或许都能拥有专属私人医生。虽然完全意义上的私人医生尚未实现，但开发健康管家已具有可行性：借助DeepSeek，你既能拥有专属的AI健身教练，也能享受营养师的服务。

#### ❶ AI 健身教练

许多人去健身房时，不知道如何锻炼，想聘请私教又觉得费用过高，结果只好放弃。

如今，有了DeepSeek，这些问题将迎刃而解：它能根据你的身体状况、训练目标与场地条件，为你量身定制专属健身方案。

你只需在DeepSeek中输入健身需求，信息越翔实越好，包括但不限于：年龄、身高、体重等基础数据；锻炼目标，如减脂、增肌或塑形；可投入的时间；场地、器械情况；以往的伤病史或其他特殊条件。DeepSeek会综合这些信息，为你生成个性化训练计划，如图2.24所示。

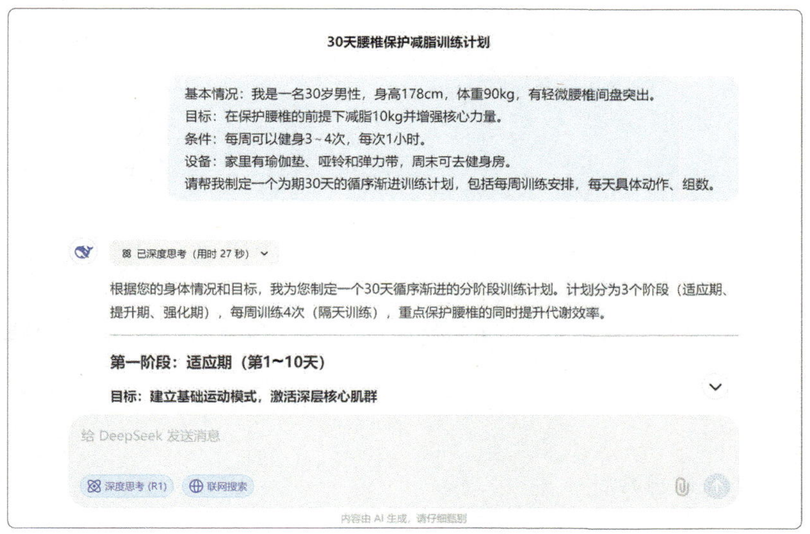


图2.24 DeepSeek定制个性化训练计划

AI健身教练可以提供个性化训练建议，并结合基础知识帮助你优化锻炼方式。比如，教你使用训练器械，告诉你感到身体不适时应该如何调整，如图2.25所示。

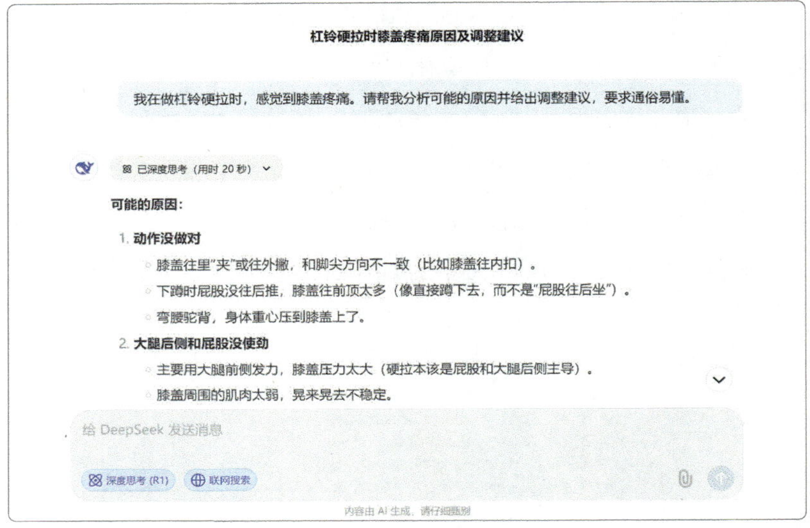


图2.25 DeepSeek给出健身计划调整建议

DeepSeek让每个人都能轻松获得相对专业的健身指导，获得AI健身教练。

## ❷ AI 营养师

谈到健康管理，饮食与锻炼同样重要。DeepSeek也能化身为营养师，为你定制个性化的饮食方案。

只需在DeepSeek中输入你的个人信息、饮食目标和餐饮条件，它就能提供一份专属饮食方案，如图2.26所示。

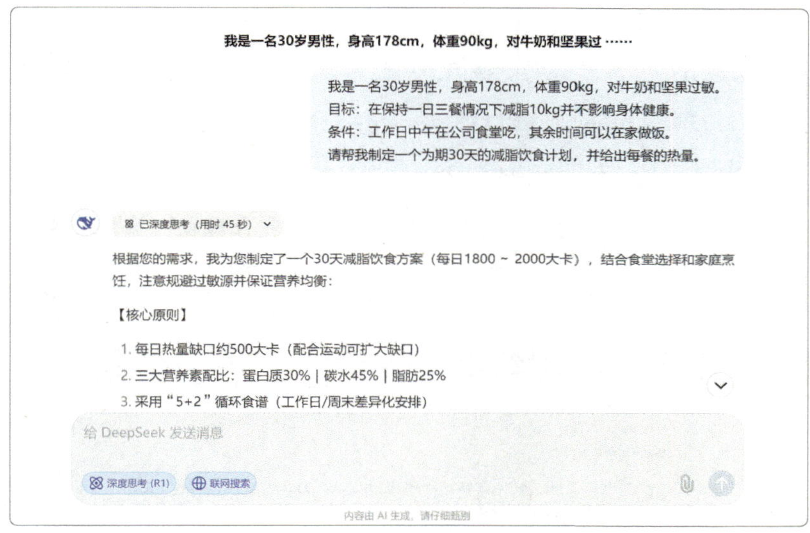

图2.26 DeepSeek定制饮食方案

你还可以继续追问更多营养健康方面的问题，例如：三餐吃什么有助于减肥；减肥遇到瓶颈时该如何调整；饮食方案中提到的菜，该怎么做。

## 2.4.2 旅行规划师：让 AI 成为你的旅行助手

旅行本来是件轻松惬意的事，但查找攻略、对比价格、安排路线等往往让人筋疲力尽。你可以把这些烦琐的工作交给DeepSeek来处理，让自己在旅途中轻松愉快。

## ❶ AI 导游

DeepSeek能综合考虑费用、交通、景点、餐饮等因素，为你制定个性化行程攻略。你可能原本需要花数小时进行行程规划，如今只需几分钟。

利用DeepSeek做出的简要旅行规划如图2.27所示。提示词中包含以下关键信息：旅行目的地、旅行时间、旅行偏好、预算和特殊要求等。

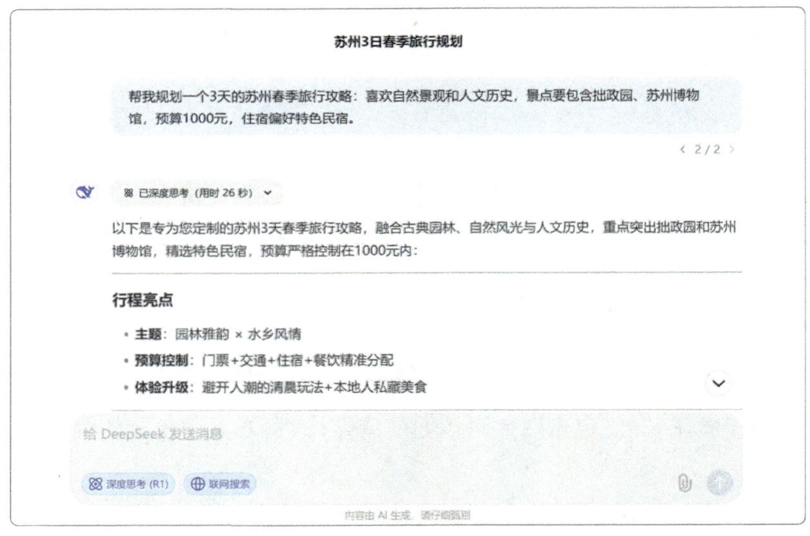


图2.27 DeepSeek定制旅行规划

DeepSeek还能为你进一步挖掘隐藏景点、分享省钱技巧，并提供突发状况的应急方案，从各个角度规划你的旅程。

## ❷ AI 讲解员

旅途中，如果不了解景点与文物背后的故事，难免少了几分乐趣。使用AI工具的讲解功能，你能深入地体会当地历史文化。

豆包具有拍照搜索功能，如图2.28所示。只需拍摄想了解的景点或文物照片，系统便会自动识别，并为你介绍照片中的内容，如图2.29所示。

图2.28　豆包的拍照搜索功能

图2.29　豆包介绍文物

之所以未使用DeepSeek，是因为在笔者写作时，DeepSeek还未推出拍照识图功能。这也再次验证了前文的观点：不同AI工具具备不同功能，应根据具体需求选择合适的工具。

第3章

CHAPTER THREE

# 让DeepSeek成为你的学习帮手

本章主要关注AI工具对学习方式的颠覆性改变，主要分为三部分。

首先，介绍AI学习与传统学习之间的差异，并通过实际案例展示如何利用AI解决学习中的难题。

其次，探讨如何将AI与知识库相结合，实现更加高效的知识管理。

最后，阐述在具体场景，如英语学习、探究法律问题中，如何应用AI实现目标。

## 3.1 了解 AI 学习与传统学习的差异

AI学习与传统学习的差距相当大——效率与速度不可同日而语。

无论是学习前、学习中，还是学习后，AI都能在各个环节提供强大助力，提升学习效率。

本节将围绕学习的三个关键阶段——学习前、学习中、学习后，系统探讨AI在学习中的实际应用，整体框架如图3.1所示。

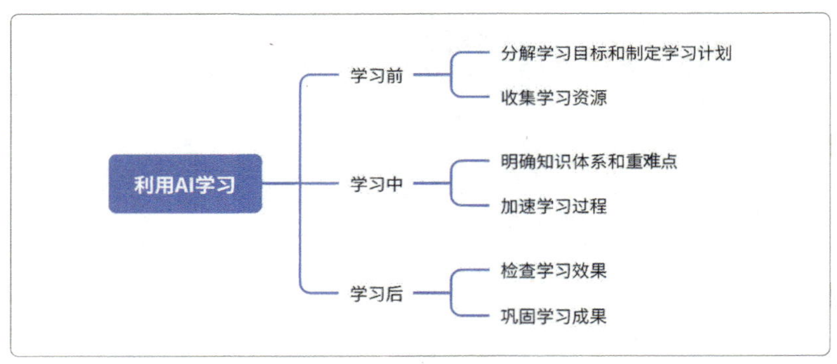


图3.1 利用AI学习

### 3.1.1 学习前的 AI 应用

我们如果决定在未来一段时间内完成某个目标，比如通过英语四级或六级考试、考取某个专业资格证书、参与某个培训课程，那么非常有必要在学习前做好准备。

首先，要明确学习目标和制定学习计划，即要学到什么程度，通过何种标准衡量进度，在多长时间内完成，各阶段应学习哪些内容。

其次，在明确学习目标和制定学习计划后，收集学习资源。

### ❶ 用AI分解学习目标和制定学习计划

很多时候，我们自以为有明确的学习目标，实则不然。诸如“学好英语”或“熟练掌握WPS办公软件”等目标，由于不够具体、无法量化且缺少时限，难以真正指导我们的学习。

例如，“学好英语”到底是要提升口语，还是写出高分作文？是自我感觉提升了就行，还是要通过英语四级或六级考试？是三年内实现，还是在三个月内实现？

过去，学习目标要么由自己制定，要么由老师统一设定。然而，自行制定目标花费精力，而统一的目标又未必适合所有人。

通过AI，我们可以更好地分解学习目标，并针对目标制定相应的学习计划，如图3.2所示。

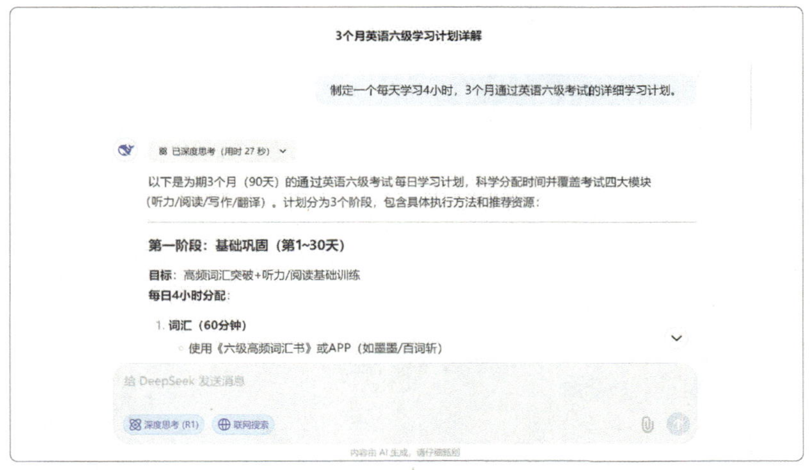


图3.2 DeepSeek制定英语六级学习计划

将大目标拆解为多个阶段性小目标，也能让我们及时获得正反馈，增强学习驱动力。

你还可以要求AI根据你的学习情况调整计划，比如，告诉它“我的写作能力比较弱”，它会为你增加写作训练。

### ❷ 用 AI 收集学习资源

在规划好学习目标与计划后，就需要收集相应的学习资源，如图书、课程、工具等。过去，人们通常向同学、朋友或老师请教，或自行在网上搜索资源，往往既费时又不够全面。

如今有了AI，这些烦琐的准备工作便大大简化。你可以让AI推荐优质的学习资源，如图3.3所示。

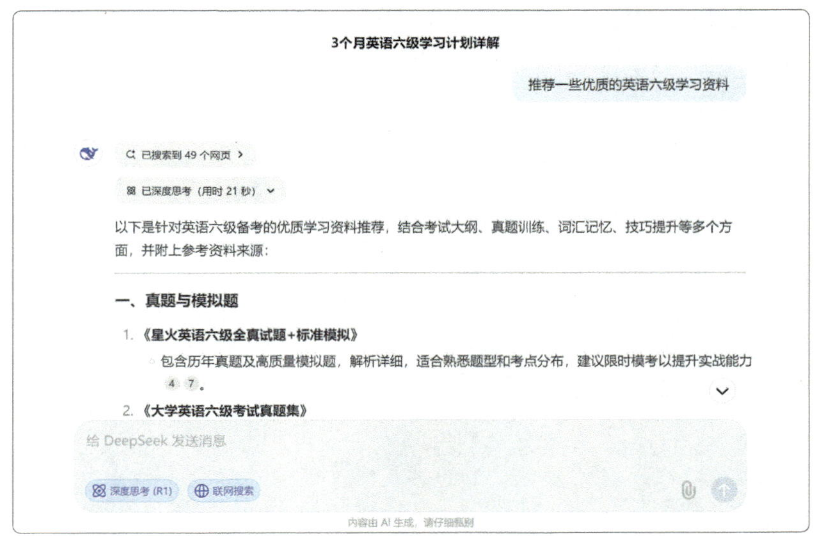


图3.3 DeepSeek推荐英语六级学习资料

AI推荐的资源不仅包括合适的图书、试题与课程，还包括优质网站、线上答题平台、专业期刊及实用App。在图书购买渠道方面，AI也能给出合理的建议。

## 3.1.2 学习中的AI应用

完成学习前的准备工作后，就可以正式进入学习阶段。从梳理知识体系，到明确重难点，再到加速学习过程，AI都能提供助力。

### ❶ 用AI明确知识体系和重难点

初次接触某个领域时，不建议立即深入学习具体知识点，建议先了解知识体系，明确各部分的学习重难点。这样不仅有助于合理分配学习时间和精力，还能更好地把握知识之间的联系，为后续深入学习打下坚实基础。

**1. 用AI明确知识体系**

如果已经选定了要使用的教材，可通过上传电子版文件或拍摄图片，将教材目录发送给DeepSeek，让它参照目录梳理知识体系。例如，DeepSeek根据《西方经济学（第二版）上册》的目录，提取核心脉络并构建知识体系，如图3.4所示。

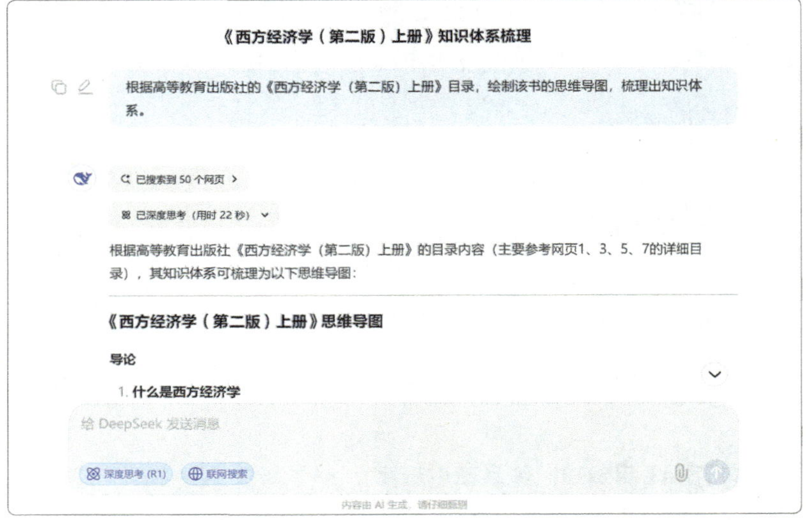


图3.4 DeepSeek梳理教材知识体系

如果还没有选定具体教材，也不必担心。DeepSeek可以通过网络搜索，整合相关资料，构建覆盖面广泛的知识体系，帮助你快速了解所学领域的全貌。

**2. 用AI明确重难点**

在生成知识体系后，还可以进一步让DeepSeek标注其中的重难点。只需在完成知识体系梳理后，直接追问其中的重难点，如图3.5所示。

通过这种方式，你能及早发现学习哪些内容需要投入更多时间和精力，并围绕重难点进行有针对性的强化练习，从而提升学习效率和效果。

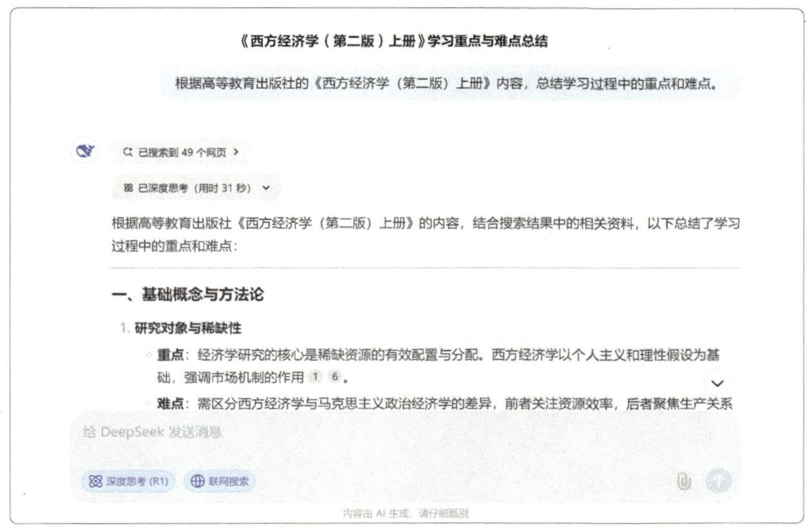


图3.5 DeepSeek给出教材重难点

## ❷ 用 AI 加速学习过程

在学习具体知识时，AI也能提升学习效率。AI不仅能随时随地为你答疑解惑，帮助你快速理解并掌握要点，还能提供更科学高效的学习方法，让你在学习过程中更轻松、更高效。

当我们接触全新的知识时，往往会面临诸多困惑：难以理解复杂概念或无法区分相似知识点，抑或因忽略细节而产生疑问。

如今，DeepSeek能够轻松解决这些问题，不仅能用通俗易懂的方式呈现复杂知识，还能清晰地回答各种问题。

例如，想了解经济学专业术语“边际效应”，以往我们需要查阅文献或向他人请教，而现在，只要询问DeepSeek即能得到简明扼要的回答，如图3.6所示。

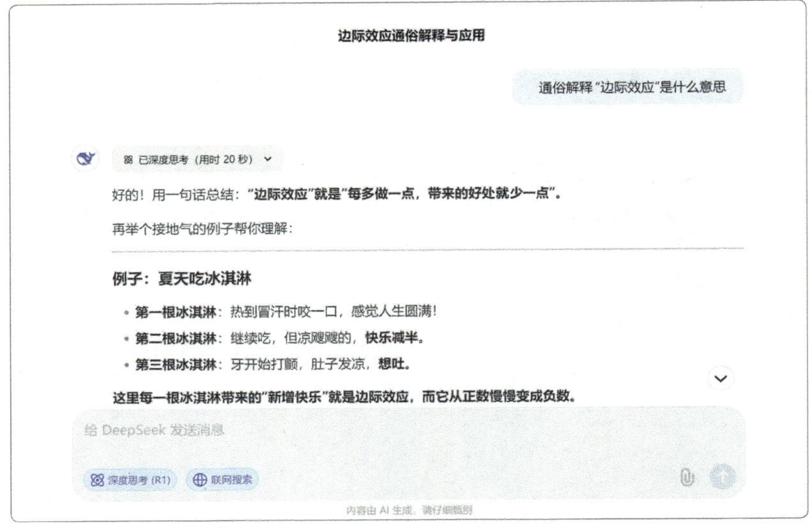


图3.6 DeepSeek解释专业术语

此外，你还可以让DeepSeek区分相似概念，指出它们的适用范围，并进一步挖掘某一知识点，从而加深理解。

### 3.1.3 学习后的AI应用

在学完相应知识后，通常需要通过试题来检验学习成效，结合错题归纳，巩固所学内容，及时调整学习计划。下面介绍如何借助DeepSeek来检查学习效果和巩固学习成果。

#### ❶ 用AI检查学习效果

DeepSeek不仅能帮我们出题、解题，还可根据个人需求灵活调整试题范围和难度。无论是经济、历史等通识学科的学习，还是对专业度要求较高的数学、计算机等领域的学习，DeepSeek都能提供相应的助力。

回答DeepSeek随机生成的试题，你能迅速发现对某些知识点的掌握不足。对于较为薄弱的部分，DeepSeek可进一步提供更多有针对性的练习，帮助构建更完整、更扎实的知识体系。

以2024年高考数学全国Ⅰ卷选择题第1题为例，如图3.7所示。

1. 已知集合 $A=\{x \mid -5<x^3<5\}$，$B=\{-3,-1,0,2,3\}$，则 $A \cap B=$（　　）

A. $\{-1,0\}$　　B. $\{2,3\}$　　C. $\{-3,-1,0\}$　　D. $\{-1,0,2\}$

图3.7 2024年高考数学全国Ⅰ卷选择题第1题

将题目拍照上传，DeepSeek可以给出详细解答，如图3.8所示。如果对该题仍有疑问，也可请DeepSeek分析考点、解题思路及易错点。

图3.8 DeepSeek解答高考数学题目

此外，可以要求DeepSeek基于错题和知识点生成更多练习题，如图3.9所示。这种有针对性的错题训练，有助于快速补齐短板。

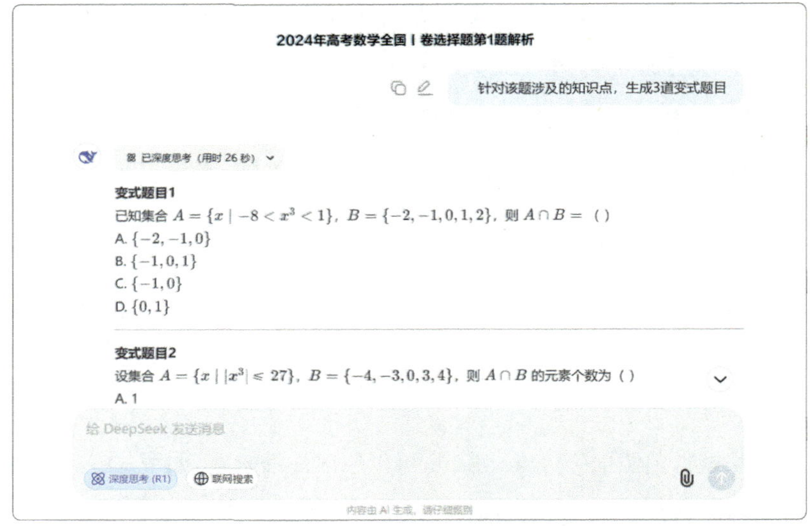


图3.9 DeepSeek生成试题

无论是数学题，还是其他学科内容，都可利用DeepSeek按照知识体系生成整套测验题，以全面查找学习漏洞。如此一来，就能在学习过程中持续评估学习进度，并对不足之处及时进行弥补。

### ❷ 用 AI 巩固学习成果

在学习的过程中，定期复习至关重要。DeepSeek不仅能帮助我们梳理笔记，提升复习效率，还能根据当下的学习进度及时调整学习计划。

如果希望系统地复习知识点，不妨利用DeepSeek将容易遗忘的内容制作成知识卡片，并根据个人掌握情况安排复习。仍以此前提到的经济学知识为例，DeepSeek可帮助我们为重要概念制作知识卡片（如图3.10所示），从而有针对性地进行巩固。

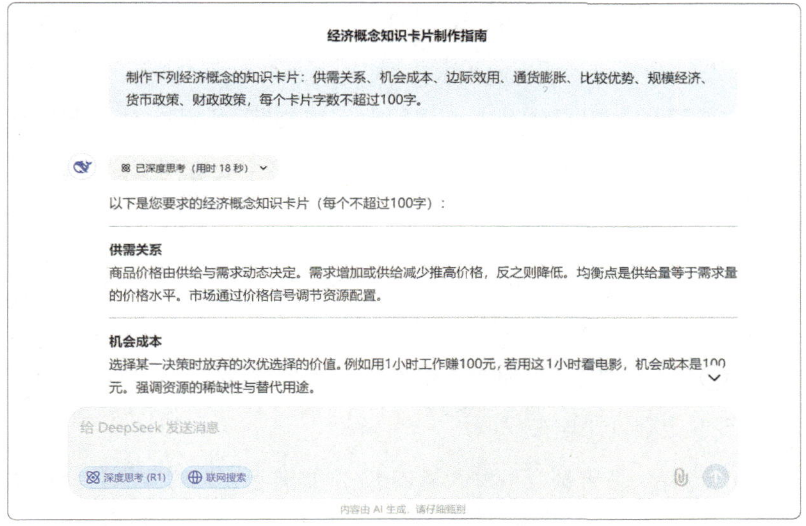


图3.10 DeepSeek制作知识卡片

在复习过程中，还可让DeepSeek生成几道习题来检验学习成果。完成测试后，再依据测试结果，请DeepSeek根据目前的学习水平对初始学习计划进行相应调整。

## 3.2 AI知识库搭建：让AI成为你的“第二大脑”

AI知识库像一座拥有超级计算能力的数字图书馆，不仅能方便存储和检索知识，还能在不同知识之间建立联系，激发思维火花。

本节将探讨搭建AI知识库的原因，介绍搭建方法，并列举典型应用案例，帮助读者更好地利用AI提高知识利用效率。

### 3.2.1 为什么要搭建 AI 知识库

AI知识库可以看作个人专属的数字图书馆，利用AI技术对积累的知识进行智能化管理。搭建AI知识库的原因主要有两个，具体介绍如下。

#### ❶ 让知识更容易被记住，更快被找到

如果没有系统化的知识管理，我们学习过的大量知识很容易被遗忘，需要时也难以快速查找。

如今，我们每天都会接触大量信息，例如随手收藏的微信公众号文章、堆满计算机硬盘的文件、手机相册里未整理的截图，以及散落在各个笔记软件中的片段。这些零散的信息，即使保存得再完整，也难以高效回顾。

AI知识库正在解决这一问题。它不仅能将知识梳理得井然有序，帮助用户强化记忆，还能在用户需要时快速检索相关内容，提升信息获取效率。

ima个人知识库如图3.11所示，用户可以将文件、笔记等资料存储在其中。

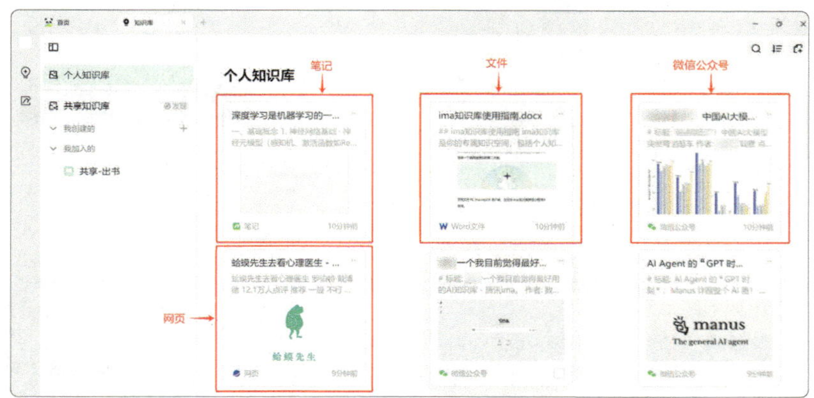


图3.11　ima个人知识库

## ❷ 整合碎片化信息，形成系统的知识体系

建立AI知识库，能将碎片化信息整合成系统的知识体系。

例如，AI知识库中存有关于"大模型"的文章，也包含"深度学习"的笔记资料。当你向AI询问"大模型和深度学习的关系"时，AI能够整合知识库中的相关内容，提炼关键信息，建立起知识之间的联系，如图3.12所示。

此外，AI知识库还解决了当前AI记忆能力有限的问题。一般来说，AI只能记忆短期内的对话，在上一次交流中提供的信息，下一次对话时可能需要重复输入，使用起来并不便捷。

如果你拥有AI知识库，所有重要信息都可以存储在其中，AI在与你对话时便能自动结合知识库内容进行回答。没有知识库，AI只是一个通用助手；而有了知识库，它就能成为专属于你的智能帮手，真正理解你的需求，提供更加精准、个性化的答案。

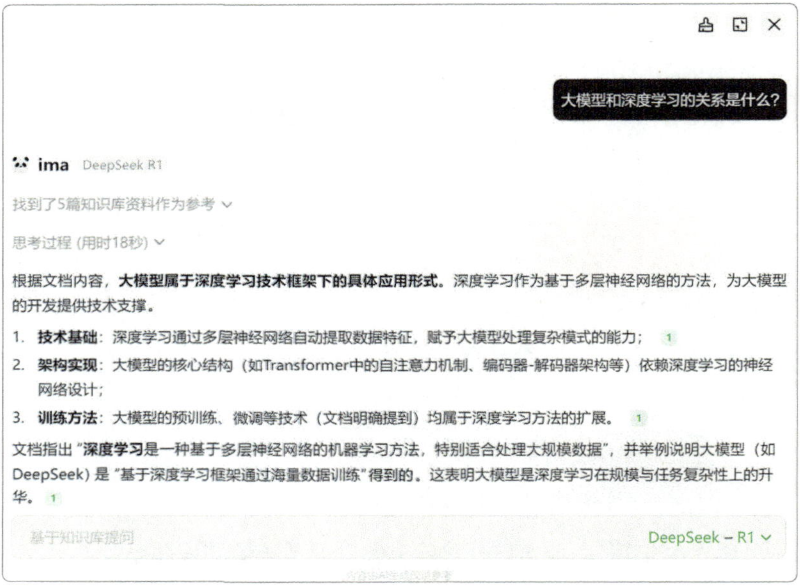

大模型和深度学习的关系是什么?

ima DeepSeek R1

找到了5篇知识库资料作为参考

思考过程（用时18秒）

根据文档内容，**大模型属于深度学习技术框架下的具体应用形式。**深度学习作为基于多层神经网络的方法，为大模型的开发提供技术支撑。

1. **技术基础**：深度学习通过多层神经网络自动提取数据特征，赋予大模型处理复杂模式的能力； 1
2. **架构实现**：大模型的核心结构（如Transformer中的自注意力机制、编码器-解码器架构等）依赖深度学习的神经网络设计；
3. **训练方法**：大模型的预训练、微调等技术（文档明确提到）均属于深度学习方法的扩展。 1

文档指出"**深度学习**是一种基于多层神经网络的机器学习方法，特别适合处理大规模数据"，并举例说明大模型（如DeepSeek）是"基于深度学习框架通过海量数据训练"得到的。这表明大模型是深度学习在规模与任务复杂性上的升华。 1

基于知识库提问 DeepSeek - R1

图3.12 AI建立知识之间的联系效果示例

## 3.2.2 DeepSeek 与 ima 联用

经过3.2.1小节的介绍，相信你已经跃跃欲试，想要打造自己的AI知识库。

本小节将介绍如何用ima和DeepSeek打造AI知识库。

### ❶ AI 知识库管理工具 ima 介绍

ima是腾讯旗下的AI知识库管理工具，已接入腾讯混元大模型和DeepSeek大模型。

目前，ima可通过PC端、微信小程序和手机App访问，使用十分便捷。在PC端的浏览器搜索“ima”，进入官网下载后即可使用ima。在移动端的应用商店下载App后即可使用ima。ima官网界面（局部）如图3.13所示。

图3.13 ima官网界面（局部）

推荐使用ima主要基于两方面原因：一是ima于2024年推出，是专业的AI知识库管理工具，专注于知识管理，界面简洁，无冗余功能；二是ima深度融入微信生态，支持便捷检索微信公众号优质文章。

### ❷ 搭建和应用 AI 知识库

接下来以imaPC端为例，介绍如何搭建并应用AI知识库。

App版和微信小程序版的操作方式类似，这里不赘述。

PC端界面如图3.14所示，中央的搜索框用于提出问题或输入网址。搜索框下方的“文档解读”和“智能写作”功能，分别用于解析文档信息和利用AI写作。单击左上角的知识库图标，即可开始搭建AI知识库。

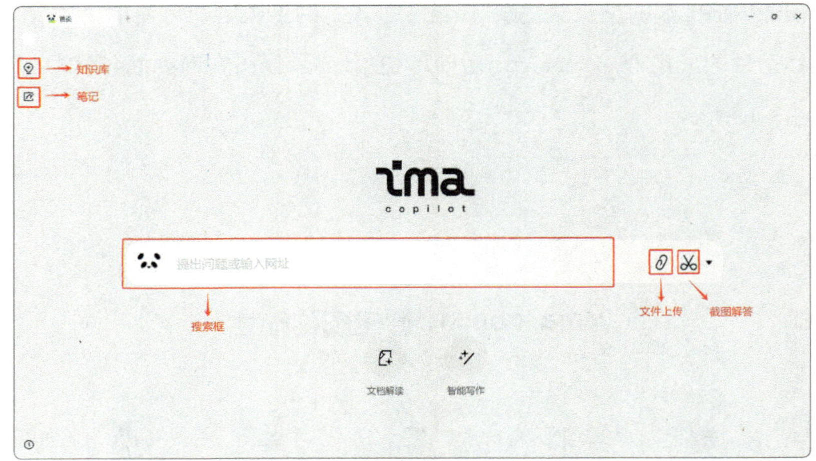


图3.14 ima电脑版界面

**1. 上传素材到知识库**

用户可以上传各类素材到知识库。ima支持上传多种内容，包括本地文件、ima笔记、公众号文章以及网页内容。

**本地文件：** 上传本地文件如图3.15所示，在知识库界面中，单击右上角的上传图标，选择需要添加的文件，即可将其存入知识库。ima支持上传PDF、DOC、JPEG、PNG等格式文件。

**ima笔记：** 用户可以单击网页左侧图标（如图3.16所示）进入笔记界面，新建ima笔记。完成后，单击右上角图标（如图3.16所示），即可将笔记添加到知识库。

图3.15 上传本地文件

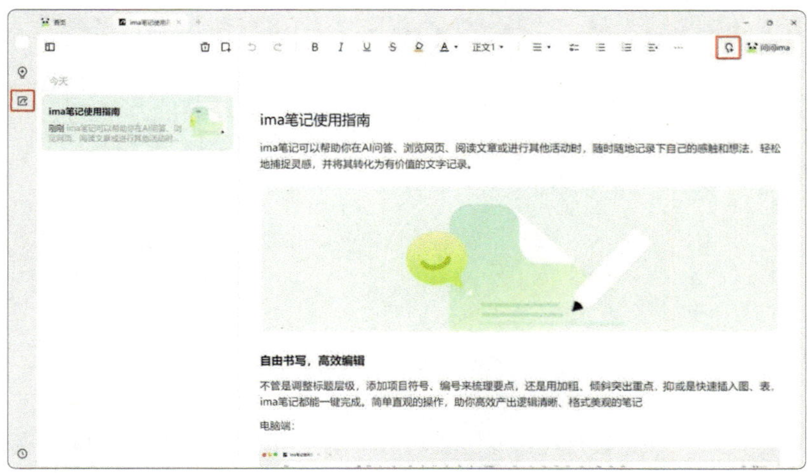


图3.16 上传ima笔记

**公众号文章与网页内容：** 在ima内打开公众号文章或网页后，单击右上角图标，即可将内容一键存入知识库，如图3.16所示。

此外，用户在ima中搜索问题并获得答案后，也可将这些答案直接添加至知识库，以便后续参考与复习。

**2. 知识库应用**

在成功上传素材后，便可以正式开始应用AI知识库。

在ima主界面的搜索框中输入问题，并选用DeepSeek大模型进行解答，如图3.17所示。

图3.17 ima问题搜索界面

在使用ima进行搜索时，可以选择“基于全网”或“基于知识库”，如图3.18所示。选择“基于知识库”后，DeepSeek将参考已存入的素材回答问题。

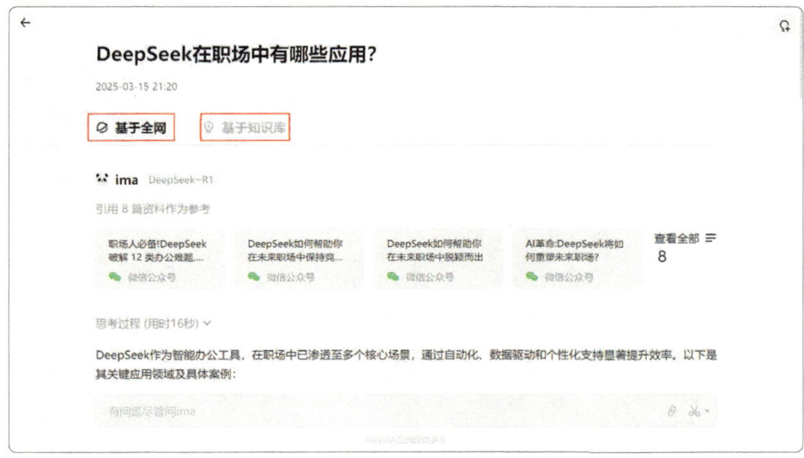


图3.18 ima搜索回答界面

## 3.2.3 如何用 AI 知识库提高知识利用效率

接下来通过两个简单的案例，直观感受AI知识库的优势。

### ❶ 快速回顾知识

相信你也曾有过这样的经历：模糊记得某条信息，却想不起来具体内容或出处；尝试使用关键词搜索，却一无所获。例如，你记得某位外国专家对DeepSeek持积极态度，但不记得专家的姓名、具体观点和文献来源。

传统搜索方法需要耗费大量时间，而AI知识库不仅能精准找到原文，还能找到相关资料，帮助你快速回溯关键信息。你只需在AI知识库中输入“国外专家对DeepSeek的看法”，AI便会在已有知识库中进行智能检索，快速找到相关内容，如图3.19所示。

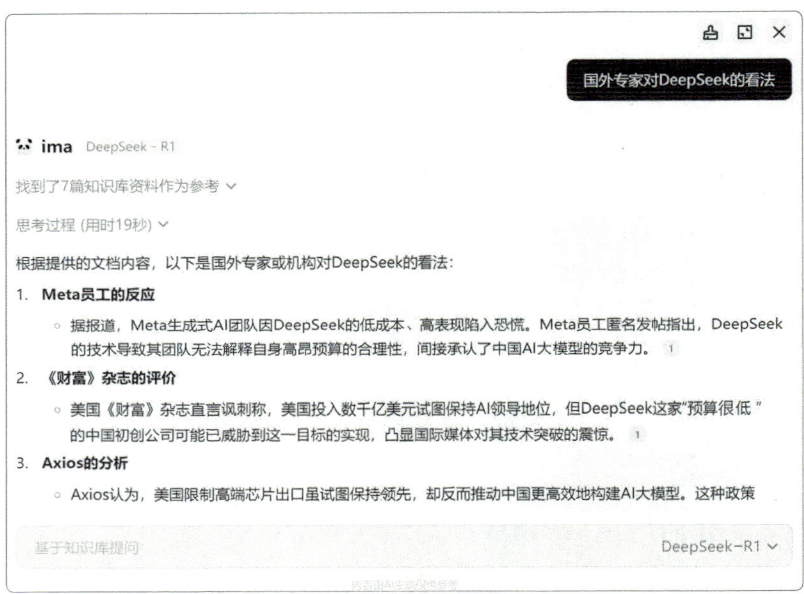


图3.19 基于ima个人知识库提问

## ❷ 整合信息

当你的知识库涵盖多个领域时，AI能够跨界整合信息，分析方案的可行性，提供创新思路。

例如，你的知识库中既有餐饮行业相关资料，又包含AI发展现状及应用前景的研究报告。你可以向知识库提问："如何将AI运用到餐饮行业？请给出具体的方法并分析可行性。"AI将基于现有资料进行分析，如图3.20所示。

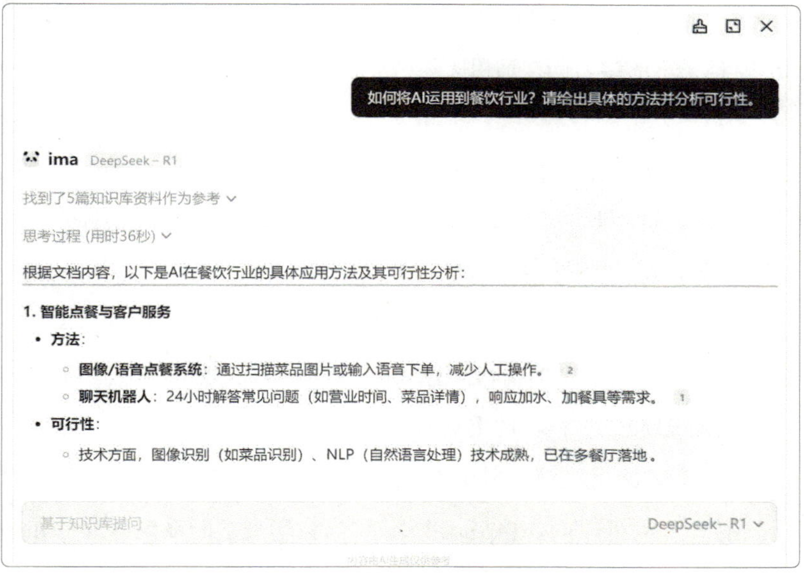


图3.20 ima进行信息整合

## 3.3 学习加速器：打破知识壁垒，快速成为高手

前两节介绍了AI如何提升学习效率，以及如何结合知识库增强知识管理能力。

本节将通过具体案例，展示AI在不同学习场景中的实际应用，让你直观感受AI如何赋能学习。

### 3.3.1 用AI学英语

在语言学习方面，AI已经在一定程度上改变了传统学习方式，提供高效、个性化的辅助支持。这里以英语学习为例，讲解如何用AI学习英语，其他语言的学习同样适用。

## ❶ 用 AI 学英语单词和练习口语

单词记忆占据了大量的英语学习时间，而“哑巴英语”也是许多学习者面临的难题。接下来看看AI如何解决这些问题。

### 1. 用AI辅助背单词

单词是英语学习的基石，但传统的背单词方法效果不佳。刚记住的单词过几天就忘了，机械地重复消耗学习热情。

DeepSeek可以筛选出高频词汇，让我们把更多精力用在关键内容上。例如，我们可以向DeepSeek询问“商业场景下的高频单词”，如图3.21所示。

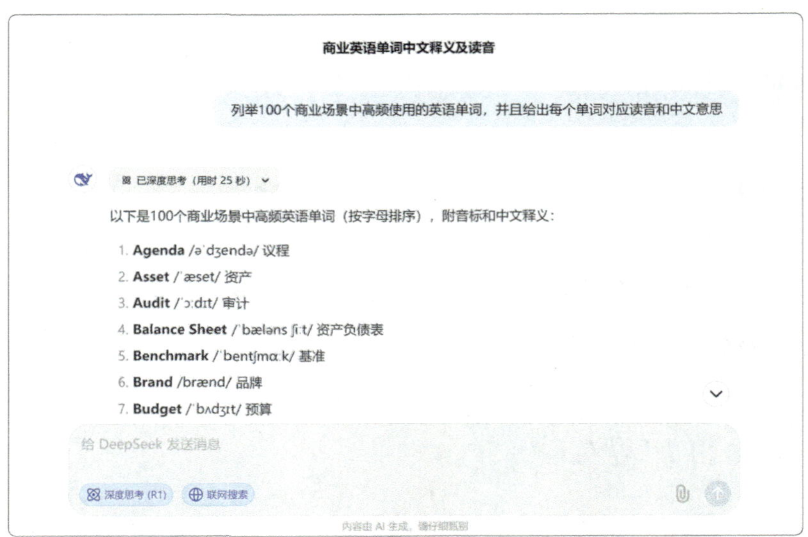


图3.21 DeepSeek查询英语单词

此外，DeepSeek还能根据单词生成短文，让学习者通过上下文记忆单词。这种方式模仿母语学习过程，通过关联语境增强记忆力。DeepSeek还可以根据学习者的兴趣，定制科普、旅行、商务等不同主题的短文，让记忆更轻松。以图3.21中筛选出的前十个高频词为例，DeepSeek生成了一段商业场景下的小故事，如图3.22所示。

图3.22 DeepSeek根据单词生成小故事

## 2. 用AI练习口语

许多英语学习者面临“哑巴英语”的困境，能够阅读和写作，但在口语表达上却举步维艰。主要原因在于，平时缺乏英语交流。

AI堪称绝佳的英语练习伙伴，能够提供无限次、无压力的口语练习机会。它不仅能根据学习者的英语水平调整对话难度，还能耐心纠正语法错误，即使发音不够标准，AI也能理解并给出适当反馈。

我们可以借助豆包进行英语口语练习。在豆包对话界面打开语音通话功能，如图3.23所示。

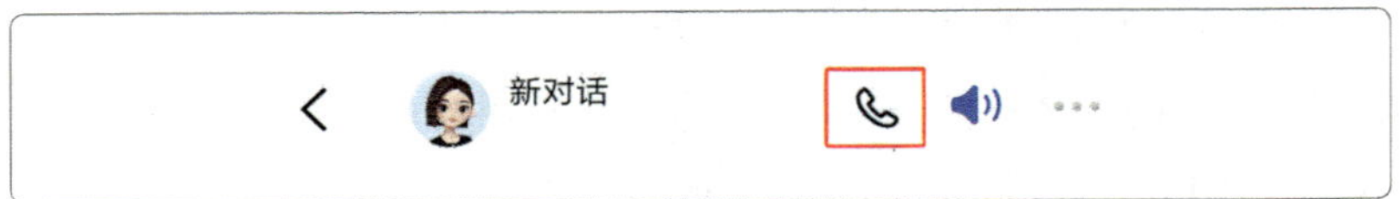


图3.23 豆包语音通话功能

点击“选择情景”，然后选择“英语陪练”功能，如图3.24所示。

图3.24 豆包英语陪练功能

接下来就可以和AI进行英语对话练习，口语内容还会自动转换为英语字幕，如图3.25所示。

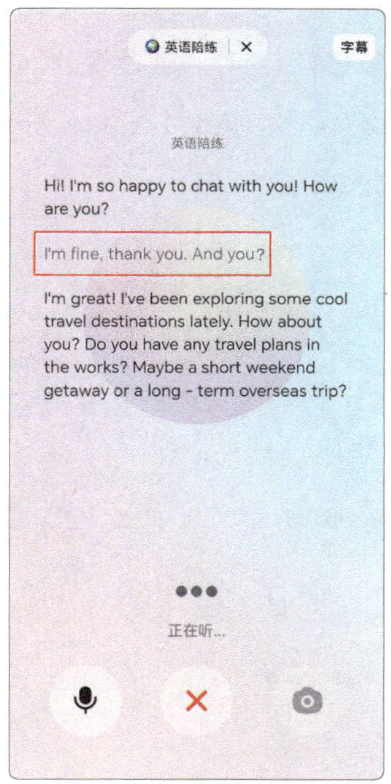


图3.25 豆包英语对话练习演示

## ❷ 用 AI 学英语阅读和批改作文

AI能够帮助用户阅读英文文章，还能批改作文，优化写作表达方式。

### 1. 用AI阅读文章

阅读是提升语言能力的重要方式，但在实际阅读过程中，常常会遇到生词和结构复杂的长句。阅读者需要用词典查找或用浏览器搜索，不仅费时，还影响阅读流畅性。而借助AI，无论是泛读还是精读，都能更加高效。

在泛读过程中，可以将英语文章输入DeepSeek，让其总结核心要点，并与自己的理解进行对照，验证理解的准确性；在精读过程中，DeepSeek可以解析文章结构，拆解复杂难句，标注关键知识点，帮助你深入理解文章，如图3.26所示。

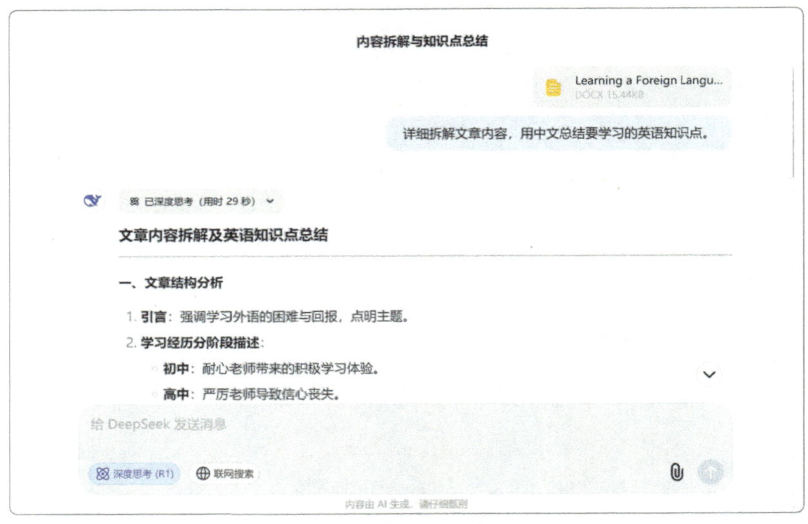


图3.26 DeepSeek拆解英语文章

让DeepSeek精读文章后总结知识点，可以帮助你更有效地吸收知识点。

### 2. 用AI批改作文

写作同样是英语学习中的挑战，尤其是自学者往往难以发现自己的语法或表达问题。AI不仅可以快速检测拼写和语法错误，还能优化句式结构，并提供有针对性的修改建议，如图3.27所示。你可以根据AI反馈勤加练习，使写作更加流畅，表达更地道。

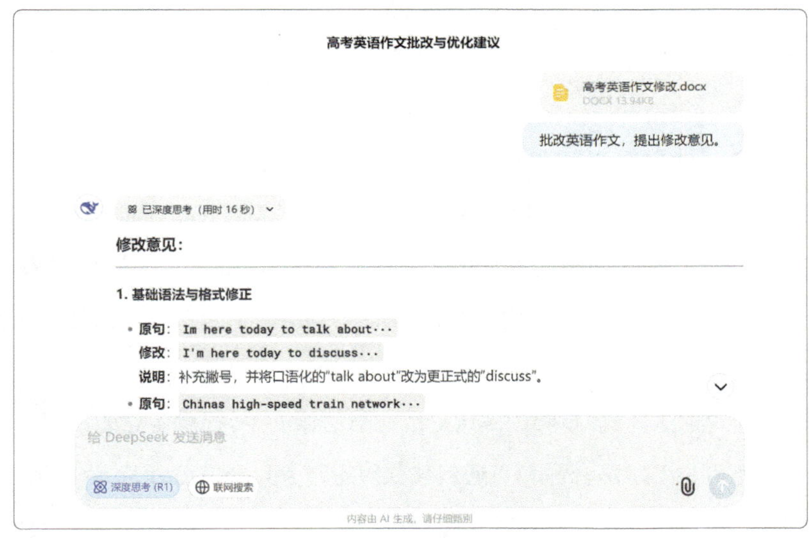


图3.27 DeepSeek批改英语作文

## 3.3.2 用 AI 探究法律问题

3.3.1小节探讨了AI在英语学习中的应用。英语学习本就较为普及，而AI的出现进一步提升了学习效率。

然而，在AI大模型问世之前，法律、医疗、金融等专业领域的知识往往因学习成本高、理解门槛高，而难以普及。尽管这些知识与我们的日常生活息息相关，但大多数人往往缺乏系统的学习途径。如今，AI极大地降低了学习门槛，使我们能够在短时间内掌握这些领域的重要基础知识，并在实际生活中加以应用。

本小节将探讨如何利用AI高效学习法律知识，并用其解决日常法律问题。

### ❶ 法律咨询与建议

日常生活中，我们经常会遇到各种与法律相关的问题。例如，租房签约时，由于认为合同条款晦涩难懂，未仔细审核便匆忙签署，导致自身权益受损；当他人欠款迟迟不还时，想要采取法律手段维权，却不清楚如何准备起诉材料。

面对这些问题，DeepSeek可以充当法律助手，提供专业的法律咨询服务和实用建议。例如，当遇到欠款纠纷时，可以向DeepSeek询问："朋友欠钱不还，需要准备哪些起诉材料"，DeepSeek不仅会提供详细的材料清单，还会解析起诉流程，并提示关键注意事项，帮助我们更好地维护自身权益，如图3.28所示。

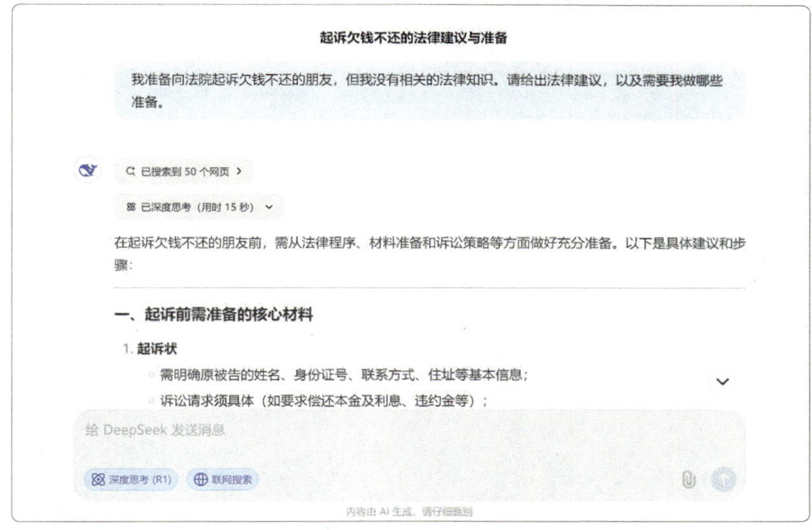


图3.28 咨询DeepSeek法律问题

如果对某些法律概念不理解，也无须担心，可以让DeepSeek用通俗易懂的语言进行解释。

## ❷ 合同生成与审查

在日常生活和商业活动中，许多人因信任、怕麻烦或缺乏法律知识而忽视合同签订，导致自身权益难以保障。例如，借钱时未签借条，或与朋友合伙创业仅凭口头协议，一旦出现纠纷，维权将变得极为困难。

如果缺乏法律知识，不知道如何拟订合同，可以寻求DeepSeek的帮助。DeepSeek能够根据输入的关键信息，如合同双方的基本信息、交易内容、金额、期限等，快速生成合同初稿，如图3.29所示。

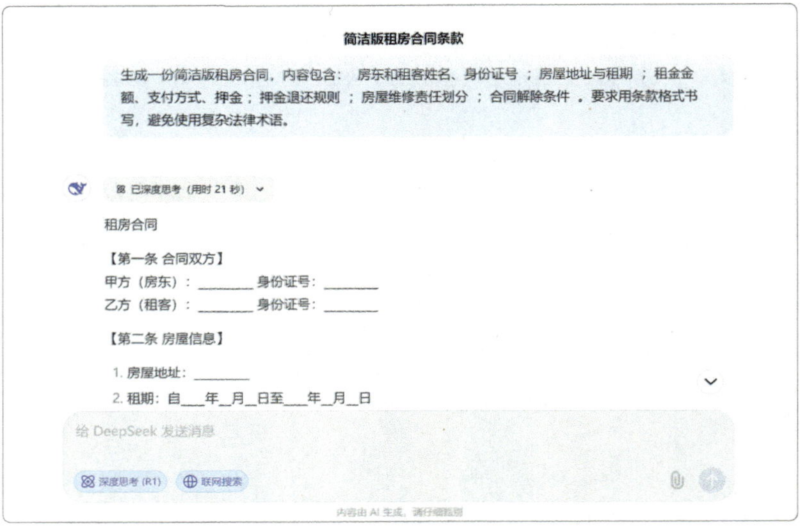

简洁版租房合同条款

生成一份简洁版租房合同，内容包含：房东和租客姓名、身份证号；房屋地址与租期；租金金额、支付方式、押金；押金退还规则；房屋维修责任划分；合同解除条件。要求用条款格式书写，避免使用复杂法律术语。

已深度思考（用时 21 秒）

租房合同

【第一条 合同双方】
甲方（房东）：_______ 身份证号：_______
乙方（租客）：_______ 身份证号：_______

【第二条 房屋信息】

1. 房屋地址：_______
2. 租期：自___年_月_日至___年_月_日

给 DeepSeek 发送消息

深度思考（R1） 联网搜索

内容由 AI 生成，请仔细甄别

图3.29 DeepSeek生成租房合同

此外，生成合同后，还可以将合同输入DeepSeek，要求它全面审查，如图3.30所示。DeepSeek可以从条款的合法性、潜在风险、内容前后一致性等多个方面进行审查。

不仅如此，DeepSeek还可以对合同各条款进行详细解析，说明其作用和法律意义，使你在获得合同的同时，也能提升法律素养。

AI辅助学习的方式，不仅适用于法律领域，在医疗、金融等专业领域同样适用，借助AI快速掌握重要知识。

图3.30 DeepSeek审查合同

第4章

CHAPTER FOUR

# 让DeepSeek助你提升职场能力

第3章探讨了AI在学习领域的应用，本章将深入讨论如何借助AI，在职场中实现能力的提升。本章内容分为三个部分，按照实际工作流程逐步解析。

首先，介绍工作启动前如何借助AI进行精准的调研、决策和文案策划。

其次，探讨在工作进行中如何运用AI实现会议管理、高效沟通与执行。

最后，阐述如何在工作结束后利用AI更好地进行工作汇报和制作PPT。

## 4.1 工作调研与决策及文案策划

在大多数职场情境中，工作开展之前通常需要进行调研与决策。以手机销售为例，公司制定了销售目标，为达成这一目标，销售人员须进行以下工作：首先，调研市面上哪些手机型号畅销，以及影响用户购买决策的关键因素；其次，根据调研结果进行决策，确定重点销售的手机型号，以及制定有效的产品推广策略；最后，按照公司要求撰写具体的销售方案。

下面将详细探讨如何运用AI提高上述工作的质量和效率。

### 4.1.1 AI 加速工作调研：从 1 天到 1 小时的效率跃升

过去工作调研人员比较辛苦，为了确定工作方向，要在海量资料里翻找，既耗时又耗力。但AI的出现改变了这一状况，AI可以快速处理文档，也可以直接生成调研报告。

#### ❶ AI 处理文档：快速总结与精准答疑

AI使我们能快速处理大量资料，获得准确的调研结果。此外，当遇到不理解的内容时，AI也能迅速为我们解答，从而进一步提高调研效率。

**1. AI快速总结多个文档**

过去，我们需要手动阅读几份甚至十几份文档，耗时费力，并且容易遗漏关键内容。现在，借助DeepSeek，我们可以一次性上传多份文档，快速获得结论。原本需要花费一整天才能掌握的信息，现在只需几分钟便能清晰了解，大大提高了工作调研的效率。利用DeepSeek总结多份文档的示例如图4.1所示。

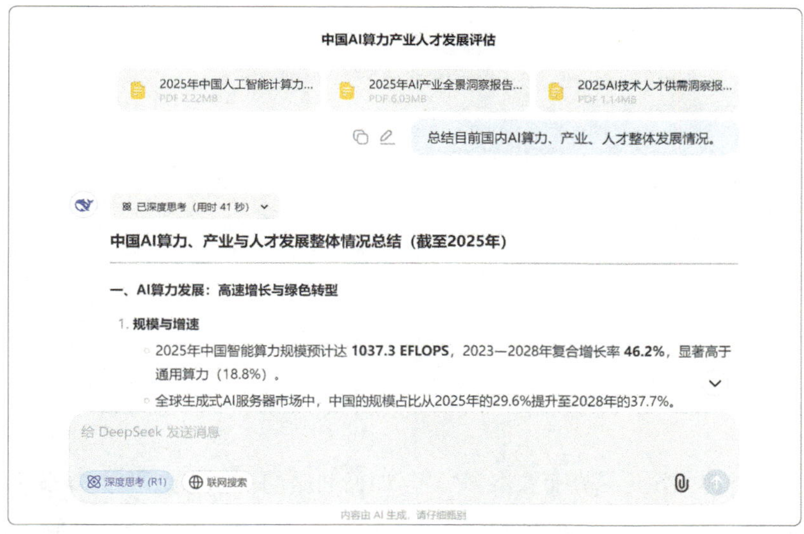

图4.1 利用DeepSeek总结多份文档

### 2. AI及时解答文档问题

调研过程中，阅读文档时，可能会遇到不易理解的陌生概念，须用浏览器反复查找，才能理解透彻。如今DeepSeek能快速清晰地解答问题。

例如，当我们遇到陌生术语时，通过DeepSeek可以迅速了解其定义、应用场景以及相关案例，使得整个调研过程更加顺畅，如图4.2所示。

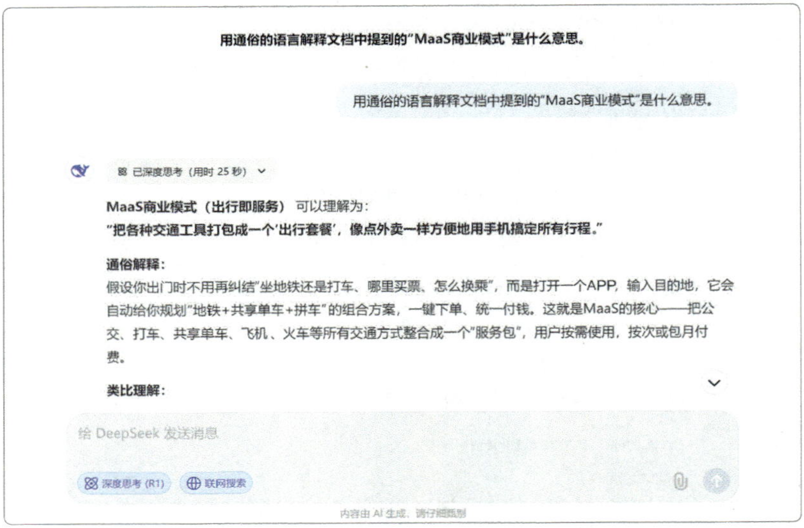

用通俗的语言解释文档中提到的"MaaS商业模式"是什么意思。

用通俗的语言解释文档中提到的"MaaS商业模式"是什么意思。

已深度思考（用时 25 秒）

**MaaS商业模式（出行即服务）**可以理解为：
**"把各种交通工具打包成一个'出行套餐'，像点外卖一样方便地用手机搞定所有行程。"**

**通俗解释：**
假设你出门时不用再纠结"坐地铁还是打车、哪里买票、怎么换乘"，而是打开一个APP，输入目的地，它会自动给你规划"地铁+共享单车+拼车"的组合方案，一键下单、统一付钱。这就是MaaS的核心——把公交、打车、共享单车、飞机、火车等所有交通方式整合成一个"服务包"，用户按需使用，按次或包月付费。

**类比理解：**

给 DeepSeek 发送消息

深度思考 (R1)　联网搜索

内容由 AI 生成，请仔细甄别

图4.2 利用DeepSeek解读文档内容

本部分讨论了在有资料参考时，如何利用AI为工作调研提速。接下来将进一步讨论，在缺乏资料参考时，如何通过AI直接生成调研报告。

## ❷ AI 生成调研报告：从零散信息到输出结构化报告

以往没有AI的情况下，我们往往只能从图书或网页上获取零散信息，需要花费大量精力进行筛选和整合，才能形成一份可用的调研报告。

如今，借助DeepSeek则能直接生成调研报告，除DeepSeek外，还有专门的AI搜索工具，如秘塔AI搜索、知乎直答等，能生成详细的调研报告。

利用DeepSeek快速生成一份简短的调研报告，如图4.3所示，其分析了2025年中国新能源汽车行业发展趋势。

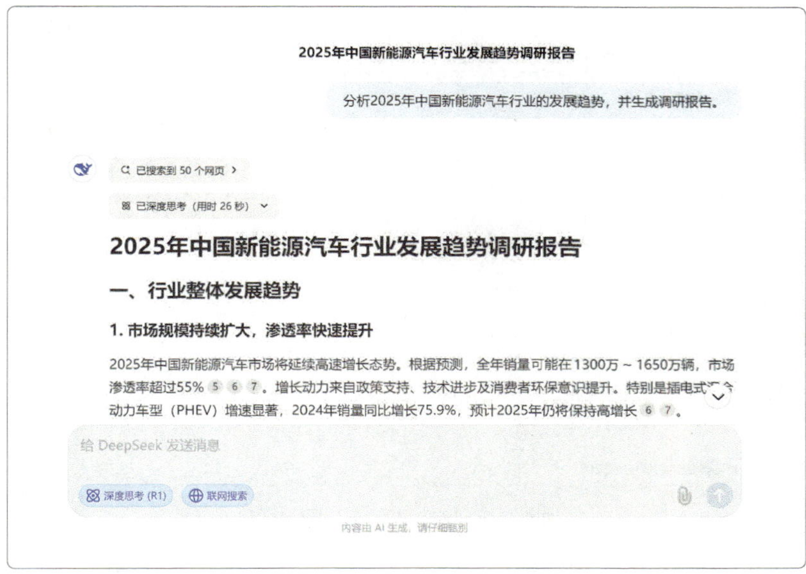


图4.3 利用DeepSeek生成简短调研报告

对于更复杂的任务，可使用秘塔AI搜索、知乎直答等专业工具，生成更加完备、深入的调研报告，并附带参考资料来源，方便查阅。

例如，当我们通过秘塔AI搜索了解AI绘画的发展历程时，它会将查询内容分解为多个关键步骤，并逐一分析，最终得出全面、翔实的结论，如图4.4所示。

生成的报告底部一般会列出参考资料。图4.4中，为输出AI绘画发展史深度分析报告，秘塔AI参考了200多篇资料，其深入程度超过一般的本科课程报告。

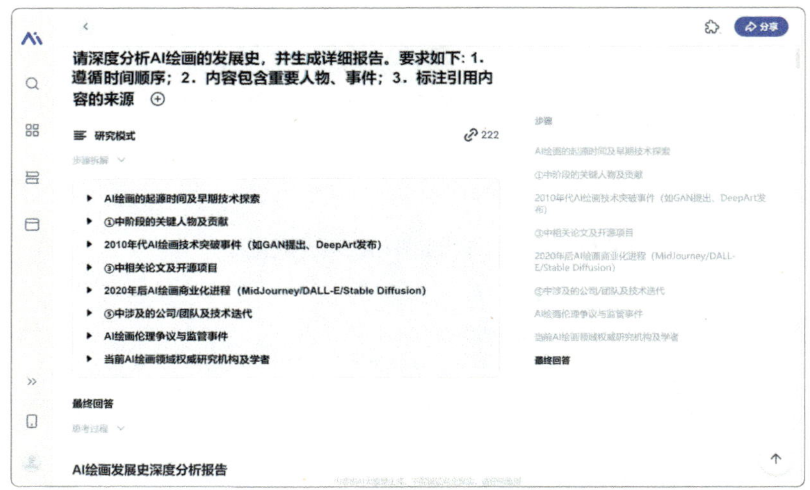


图4.4 借助秘塔AI搜索生成调研报告

## 4.1.2 AI 辅助决策：让工作思路更可靠

完成调研后，还需根据调研结果进行决策。一些地方政府单位已经开始采用AI协助决策。新华网报道，深圳市福田区基于DeepSeek开发的“AI公务员”已投入使用，并在辅助决策方面发挥了重要作用。

利用DeepSeek辅助决策不仅能提高工作效率，还能提升决策质量。接下来看看如何通过DeepSeek做出科学合理的决策，并降低决策风险。

### ❶ 利用 DeepSeek 建立决策模型

借助DeepSeek，我们可以构建合理的决策模型，提升决策准确度。

例如，当你在纠结是否要跳槽时，DeepSeek可以基于职业发展、经济收益、风险控制等维度构建决策模型，为决策提供参考，如图4.5所示。

图4.5　通过DeepSeek建立决策模型

随后，你可以输入你的工作年限、对工作地点的偏好，以及其他必要的个人情况，DeepSeek根据这些信息综合分析，给出决策建议，辅助你做出符合自身发展的决策，让重大决策有据可依。

在做决策时，掌握的信息越全面，考虑的就越周到，决策效果往往也就越好。DeepSeek做决策，也是这个道理。

将DeepSeek与知识库相结合，能显著提升决策准确性。将个人职场情况整理到知识库中，DeepSeek在做决策前可参考这些信息，从而考虑得更加全面和精准。关于将AI与知识库结合的更多内容，可参阅本书第3章。

### ❷ 利用 AI 洞察与应对风险

决策过程中，难免存在各种风险，DeepSeek能从多个角度预测风险，并给出控制风险的建议。

我们在思考问题时，通常会受到自身经历和认知局限的影响。以跳槽为例，我们可能过度关注新工作薪资，忽略我们与新公司企业文化是否契合、新公司所在行业是否稳定。

DeepSeek则能从行业、公司、岗位等维度分析，如图4.6所示。它能够分析新行业可能因政策调整而面临的挑战，或识别新公司晋升机制的不透明性可能带来的职业发展风险，帮助我们规避潜在问题。

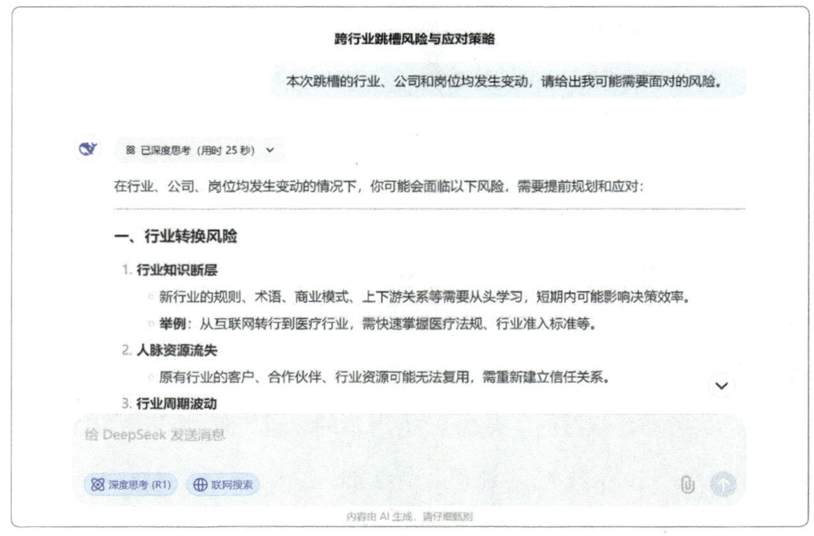


图4.6 利用DeepSeek识别决策风险

识别风险后，可以要求DeepSeek给出控制风险的建议。仍以跳槽为例，如果担心新行业不稳定，DeepSeek建议入职前关注行业动态，提前学习新技能，应对行业的变化。如果担忧新公司晋升机制不透明，DeepSeek会提醒面试时与HR沟通晋升标准，并制定在新公司的职业规划。DeepSeek给出应对决策风险的具体建议如图4.7所示。

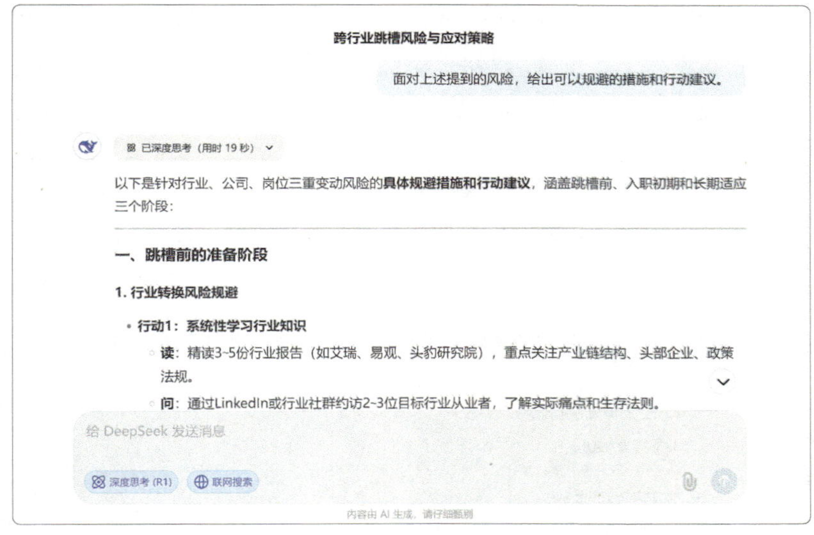


图4.7　DeepSeek给出应对决策风险的建议

### 4.1.3 AI赋能方案策划：从创意到落地的全流程支持

在决策确定后，下一步便是将其转化为可执行的方案。DeepSeek不仅能帮助构思高质量的方案，还能优化方案的结构与呈现方式，使其更具可行性和说服力。

#### ❶ AI助力方案内容创作

以往，为了构思一个切实可行的方案，人们往往需要进行头脑风暴，反复推敲修改，而最终的结果也未必理想。

如今，借助DeepSeek，只需输入方案的核心关键词，其便能迅速生成多种风格、不同角度的方案创意。

在确定方案创作方向后，DeepSeek还能结合市场数据、目标、决策依据以及预算等因素，将初步构想转化为完整的方案计划书。利用DeepSeek制定的一份销售方案计划书如图4.8所示。

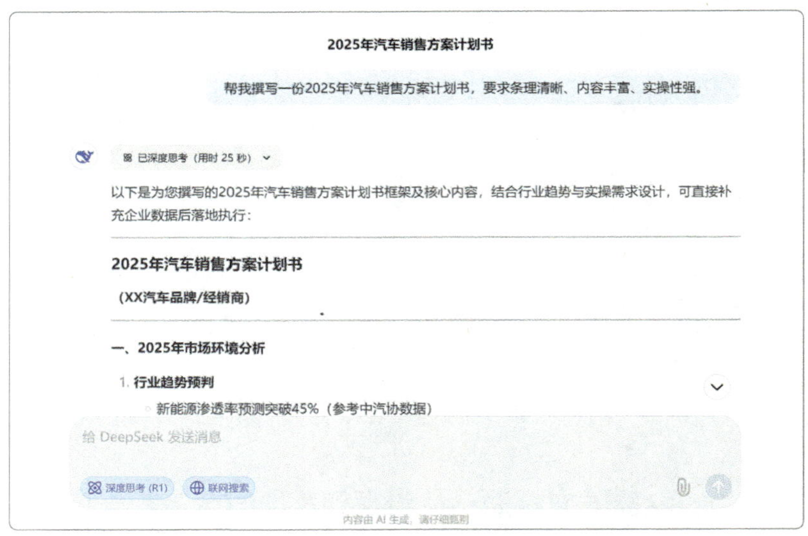


图4.8 DeepSeek制定方案计划书

此外，可进一步输入更具体的业务需求或行业背景，使DeepSeek生成的计划书更符合实际情况。

## ❷ AI 助力方案视觉设计

一个精心策划的方案，如果缺乏吸引人的视觉效果，在汇报时就难以获得关注，可能会导致方案无法通过。因此，在方案策划中，除了内容的深度与逻辑性，视觉呈现同样至关重要。

例如，为销售方案搭配一张吸引人的海报，或为项目推进方案制作清晰的进度图，都能更出色地展示方案内容。借助DeepSeek以及其他AI工具，可以快速营造吸引人的视觉效果，增强方案的吸引力。

**1. 利用DeepSeek设计视觉方案**

当提到DeepSeek，大多数人首先想到的是它卓越的文本处理能力。其实，它同样适用于视觉方案设计，可以生成包含视觉元素的网页，还能创建网页版海报。利用DeepSeek生成一张AI大模型产品发布会的网页版海报如图4.9所示。

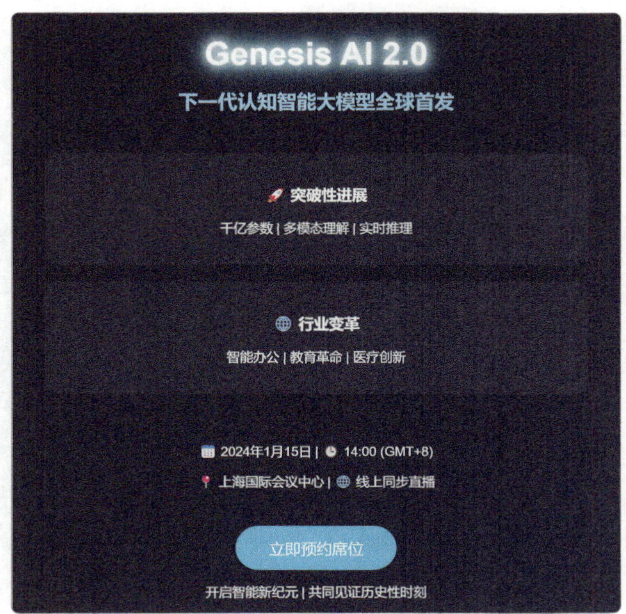


图4.9　DeepSeek生成的网页版海报

网页版海报可以轻松转换为图片或其他形式，便于后续调整和应用。图4.9所示的海报仅通过一句简单的提示词生成：“制作一个AI大模型产品发布会海报，使用HTML格式。”

如果对生成的海报效果不满意，可以要求DeepSeek修改方案内容、调整主题风格或优化布局，它将根据反馈不断优化，呈现更理想的视觉方案。

**2. 利用专业AI视觉设计工具设计视觉方案**

除了DeepSeek，市面上还有许多专业的AI视觉设计工具，可帮助用户快速营造吸引人的视觉效果。

例如，一些在线设计工具和AI绘图工具提供了丰富的模板库，涵盖各个行业的应用场景。根据方案类型选择合适的模板，并通过AI生成精美设计图，即使没有专业设计经验，也能做出高水平的视觉方案。

借助即梦AI生成的汽车发布会海报如图4.10所示。关于即梦AI的应用，本书将在第5章进行详细介绍。

图4.10 即梦AI生成视觉设计方案

## 4.2 会议管理、工作沟通与执行

工作方案确定后，接下来便要执行。在这个过程中，AI不仅能够提高沟通效率，还能减少重复工作，节约时间，使协作更加高效。本节将从三个方面探讨AI在会议管理、工作沟通与执行中的应用。

### 4.2.1 AI优化会议管理：记录、翻译与待办任务设置

在现代职场中，会议往往占据大量时间。然而，有时会议冗长烦琐，只有小部分内容与个人工作相关，不认真听又容易导致信息遗漏或出现理解偏差。

将AI应用在会议管理方面，可以有效缓解这些问题。AI可以实时记录会议内容、自动翻译外语，并提炼会议要点和设置待办任务，使参会者即便因故缺席，也能迅速掌握关键信息。

#### ❶ 记录会议内容和多语言翻译

无论是线上还是线下会议，AI均能高效精准地将语音转化为文字，方便后续搜索与回顾。目前，DeepSeek可用于整理会议文字稿，但在会议记录方面尚不够完善，因此推荐使用专业的AI会议工具，例如阿里巴巴的通义千问、抖音的飞书妙记等。

使用通义千问，可以将访谈内容自动转录为文字，便于学习和整理，如图4.11所示。此外，该工具还能实时翻译内容，将外语转换为中文，便于理解。

在被动接收信息的场景下，AI能精准翻译文本；在互动交流中，AI能实时转换语言，消除沟通障碍。例如，某科技博主在东南亚旅行时，尽管不会说当地语言，但仍然能借助AI进行顺畅交流。通义千问的实时语音翻译功能如图4.12所示。

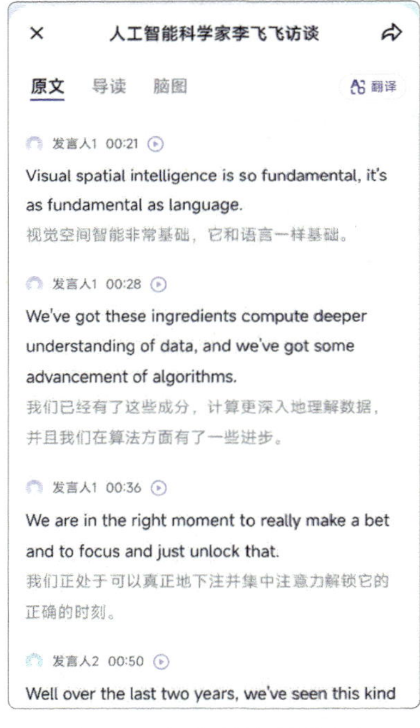


图4.11 通义千问访谈语音转文字

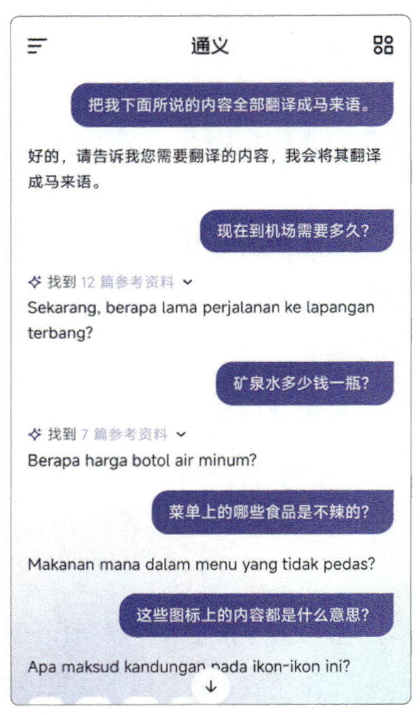


图4.12 通义千问实时语音翻译

图4.12中，用户无须手动输入，而是直接用中文和AI对话。AI识别后，会将中文翻译为外语，并以语音播报目标语言。这种实时语音翻译功能，使得不同地区人的交流变得更加流畅。

在职场环境中，AI亦可发挥作用。例如，在跨国团队的在线会议中，

AI可提供实时的多语言字幕，使说不同语言的与会者能够无障碍沟通。这不仅提升了会议效率，也让跨国团队协作更加密切。

### ❷ 提炼会议要点与设置待办任务

在职场中，冗长的会议记录常常让人望而生畏，即便整理成文字稿，依然难以高效阅读和理解。此时，借助AI可以快速提炼会议内容，将复杂的讨论简化为结构清晰、重点突出的摘要。利用AI总结电影导演饺子接受央视新闻采访时的部分内容如图4.13所示。

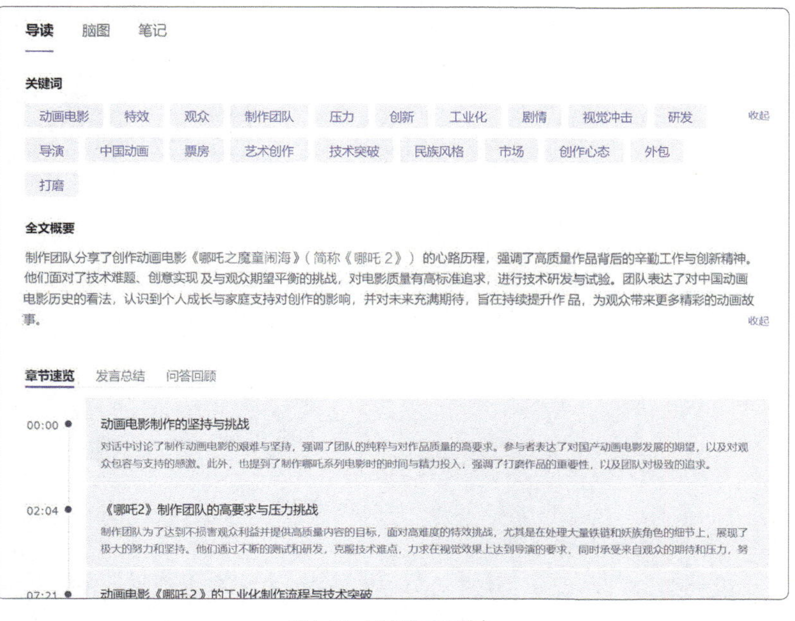


图4.13　AI总结采访重点

AI能够精准识别不同的发言人，并依据发言整理出各类待办事项。如此一来，哪怕你未阅读完会议记录，也能对自己的待办任务了如指掌。

文字信息太多时，不容易从中找到重点。AI除了可以总结内容，还能把内容转化为大纲或者思维导图形式。利用AI将图4.13中内容转换成的思维导图如图4.14所示。

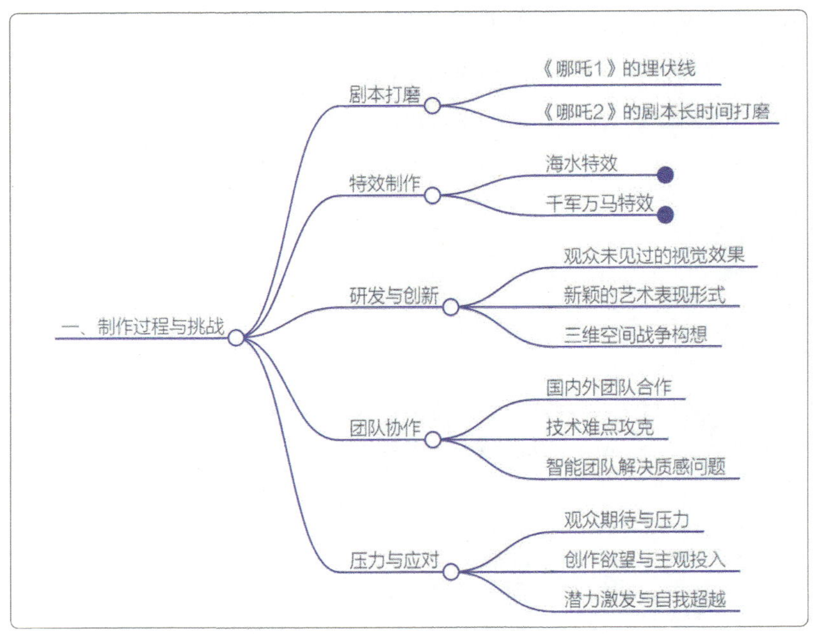


图4.14 AI生成访谈思维导图

以大纲形式呈现，内容的层次结构清晰，主要观点到具体论据的排列有序；而以思维导图形式呈现，则能直观地展示各主题之间的关系，使信息具有可读性和逻辑性，让读者轻松理解内容。

## 4.2.2 AI助力沟通：让表达更清晰

在职场中，良好的沟通不仅有助于推动工作，还能促进职业发展。AI能够帮助职场人士实现有效沟通。

### ❶ AI助你高效率沟通

不善言辞的职场人可能会苦恼如何与客户、同事沟通，AI可以提供合适的话题。比如，与新同事初次交流前，向AI询问合适的话题，它能快速给出建议，帮助开启友好对话，从而建立良好的人际关系。利用DeepSeek给出的和新同事沟通的建议如图4.15所示。

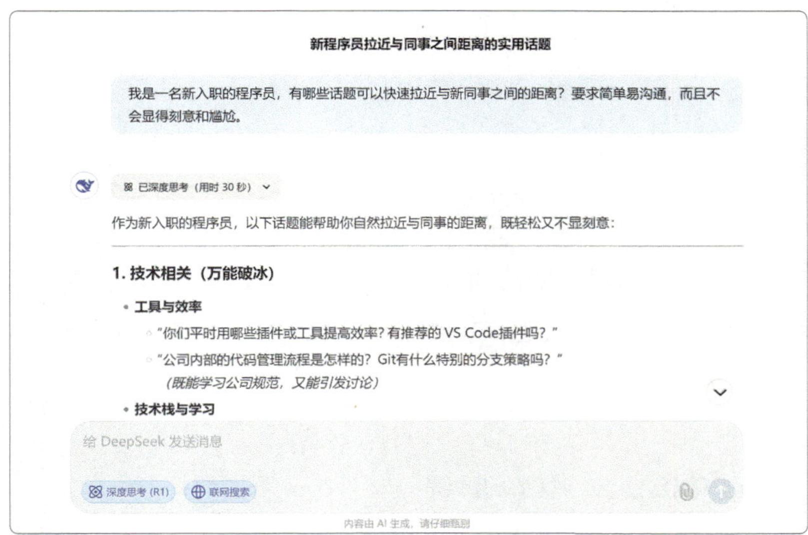


图4.15 DeepSeek生成话题

有时面对混乱冗长的表达，我们理解起来会有困难。把这些内容输入AI，它能迅速提炼核心观点，帮助我们快速理解。一段混乱的项目问题表述经过AI整理后，就变得简洁清晰了，如图4.16所示。

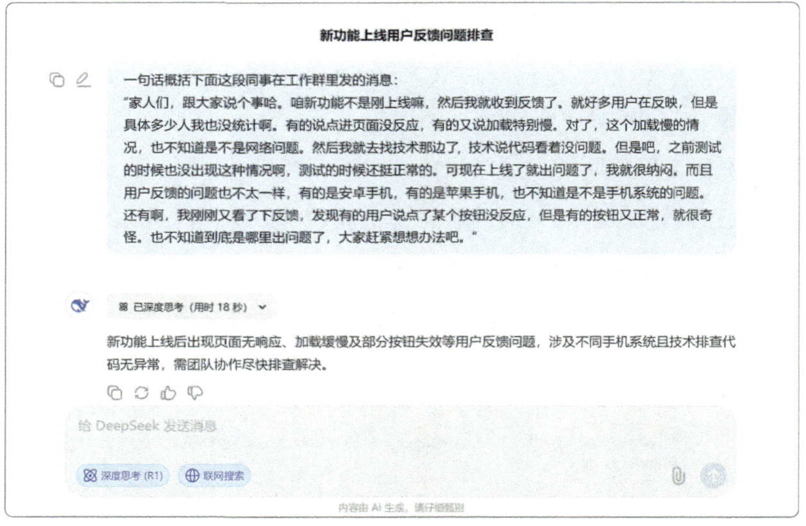


图4.16 DeepSeek整理沟通内容

此外，在与他人沟通前，如果担心自己的语言组织不够清晰，也可以借助DeepSeek进行优化。AI能够帮助理顺逻辑，从而让对方更容易理解你的需求。

### ❷ 利用 AI 演练复杂的沟通

在职场中，某些沟通场景往往较为复杂。AI的介入不仅可以帮助我们厘清表达思路，还能通过演练提升沟通效果。下面介绍两种典型应用场景。

### 1. 薪资沟通与跨部门协作演练

职场中，面对薪资沟通、跨部门协作等场景时，沟通难度较大。可利用AI模拟对话，如就加薪问题与领导沟通前，让AI扮演领导，自己提出想法和诉求，AI模拟领导的反应，如图4.17所示。

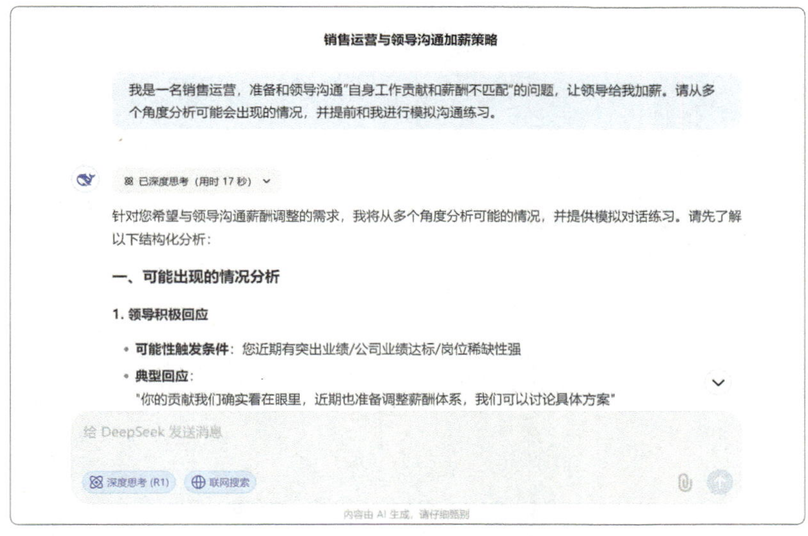


图4.17 DeepSeek规划复杂沟通的策略

在准备出国签证、工作面试等情况下，同样可借助AI练习，让AI像专业考官一样给出反馈建议，提升我们的沟通表达能力。

### 2. 情绪疏导与理性分析

在高压工作环境下，情绪管理是职场人士不可忽视的一环。工作压力、团队矛盾或个人发展困惑，都会影响工作表现和心理状态。然而，与家人倾诉可能会让他们担忧，与同事交流又可能存在不便。

AI在此场景下可充当倾诉对象，提供情绪疏导与理性分析服务。

用户可以向AI诉说困扰，仅仅是表达情绪本身就能得到一定程度的压力缓解。而AI不仅会耐心倾听，还会给出兼具温暖和理性的建议，如图4.18所示。AI能让我们放松，以更加积极的状态，投入工作与生活中。

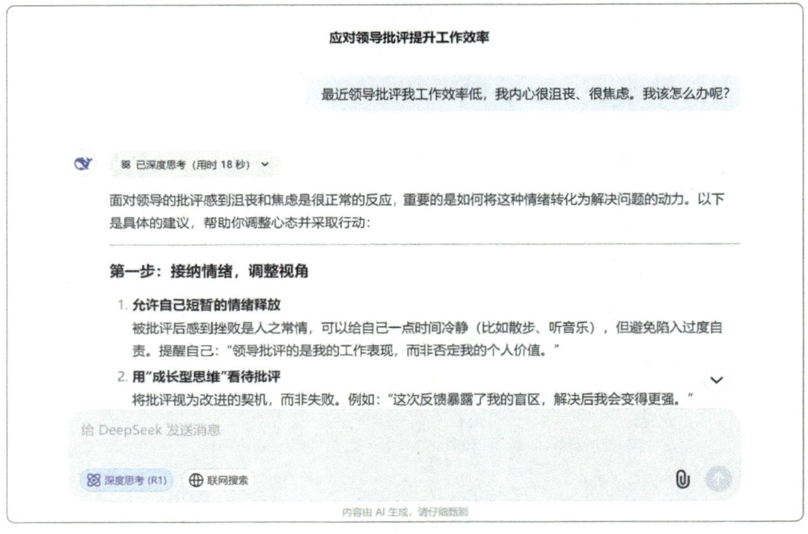


图4.18 DeepSeek提供兼具温暖和理性的建议

## 4.2.3 AI 助力工作执行：处理重复任务和复杂任务

在工作执行阶段，为了提升效率，可以利用AI处理重复任务，也可以借助AI编程或使用智能体处理复杂任务。以下将具体介绍AI在工作执行方面的应用。

## ❶ AI 快速处理工作中的重复任务

在日常工作中，许多看似简单但耗时的重复任务，AI可以高效完成，从而解放人力，提高工作效率。

### 1. AI处理图片和表格

图片与表格处理是职场中常见的任务。例如，将图片文字转为可编辑文本、将手写的表格电子化，或者把杂乱的文字整理成表格等。

如今，AI具备强大的图像识别能力，可以高效完成这类任务。目前，多种AI工具可直接识别图片中的文字，还能处理手写表格。上传一张如图4.19所示的带有表格的图片，虽然图片模糊且不整齐，但DeepSeek依然可以快速提取图片内容，并按要求格式输出结果，如图4.20所示。

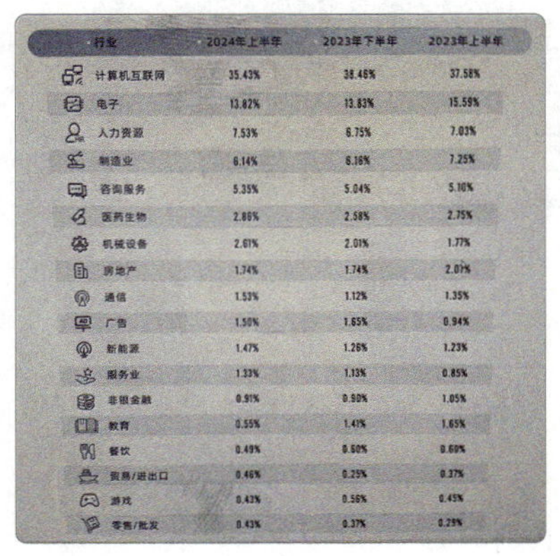

| 行业 | 2024年上半年 | 2023年下半年 | 2023年上半年 |
|---|---|---|---|
| 计算机互联网 | 35.43% | 38.46% | 37.58% |
| 电子 | 13.82% | 13.83% | 15.59% |
| 人力资源 | 7.53% | 6.75% | 7.03% |
| 制造业 | 6.14% | 6.16% | 7.25% |
| 咨询服务 | 5.35% | 5.04% | 5.10% |
| 医药生物 | 2.86% | 2.58% | 2.75% |
| 机械设备 | 2.61% | 2.01% | 1.77% |
| 房地产 | 1.74% | 1.74% | 2.07% |
| 通信 | 1.53% | 1.12% | 1.35% |
| 广告 | 1.50% | 1.65% | 0.94% |
| 新能源 | 1.47% | 1.26% | 1.23% |
| 服务业 | 1.33% | 1.13% | 0.85% |
| 非银金融 | 0.91% | 0.90% | 1.05% |
| 教育 | 0.55% | 1.41% | 1.65% |
| 餐饮 | 0.49% | 0.50% | 0.60% |
| 贸易/进出口 | 0.46% | 0.25% | 0.37% |
| 游戏 | 0.43% | 0.56% | 0.45% |
| 零售/批发 | 0.43% | 0.37% | 0.29% |

图4.19 用手机拍摄的模糊图片

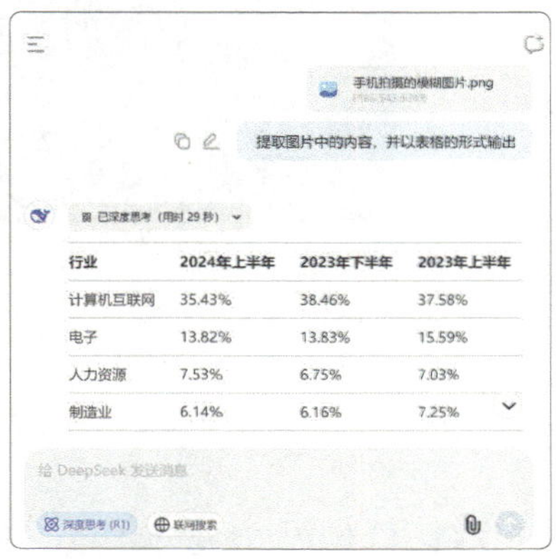


图4.20 用DeepSeek提取图片内容（局部）

### 2. AI处理工作文档

在文档处理方面，AI同样表现出色。例如深圳市福田区的AI政务大模型2.0版，公文格式修正准确率超95%，审核时间缩短90%，跨部门任务分派效率提升80%。

无论是文档修改，还是文档格式转换，AI都能轻松应对。以往把复杂文档转换成思维导图，手动整理可能需要数十分钟，现在AI几分钟就能完成。AI还能检查重要文档的格式错误及潜在有争议问题。利用DeepSeek把复杂的文档整理成思维导图形式如图4.21所示。

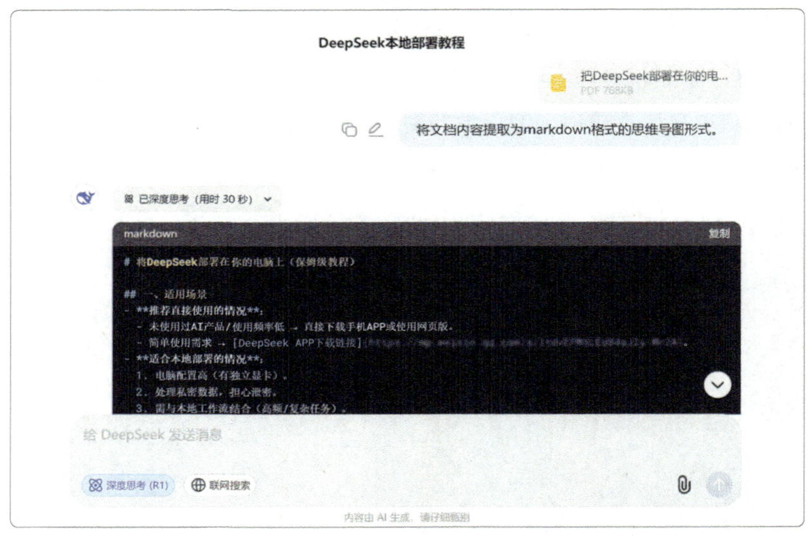


图4.21 DeepSeek处理工作文档

## ❷ AI 编程与智能体助力处理复杂任务

AI在处理大量数据、执行重复任务等方面具有显著优势。如果利用AI编程或制作智能体，可以进一步提高效率。

AI技术的进步正在深刻改变编程方式，即便是零基础用户，也可以借助AI开发简单的软件产品。然而，尽管AI编程降低了技术门槛，但仍然需要安装开发工具并学习基本的编程概念，对部分用户而言仍存在一定的学习成本。如果希望用更简单的方式完成任务，可以尝试智能体。

智能体是一种无须传统编程知识也可以创建的工具。智能体可以解决很多问题，这些问题以往需要编程才方便处理。当前，通义千问、豆包等均提供智能体。

由于智能体制作门槛低，各大AI平台的智能体数量不断增加，涵盖职场、学习、生活等多个领域，一些常见的问题，可以用现有的智能体解决。

以通义千问为例，其职场板块有诸多实用的职场智能体，如图4.22所示。如“Excel函数大师”，能帮用户学习Excel函数使用技巧，让用户处理数据时不再为复杂函数头疼。

图4.22 通义千问的职场智能体

如果找不到合适的智能体，也可以自行创建，制作过程并不难。第6章将详细介绍如何制作智能体，帮助你打造属于自己的自动化助手。

## 4.3 工作汇报与 PPT 制作

职场中流传着一种观点——做得好不如讲得好。此观点虽失之偏颇，却也在一定程度上说明了工作汇报的重要性。

本节将探讨如何利用DeepSeek整理工作成果，以及如何结合DeepSeek与其他AI工具，制作令人眼前一亮的PPT。

### 4.3.1 利用 DeepSeek 整理工作成果

我们可以借助DeepSeek明确不同汇报类型的重点，梳理汇报内容，优化汇报内容的呈现效果。

#### ❶ 总结出结构清晰的工作内容

工作汇报形式多样，有年度总结、项目汇报、日常周报等，各自的汇报重点不同。DeepSeek可以针对不同汇报类型，确定汇报重点并给出汇报建议。DeepSeek生成的年终工作总结汇报，如图4.23所示。

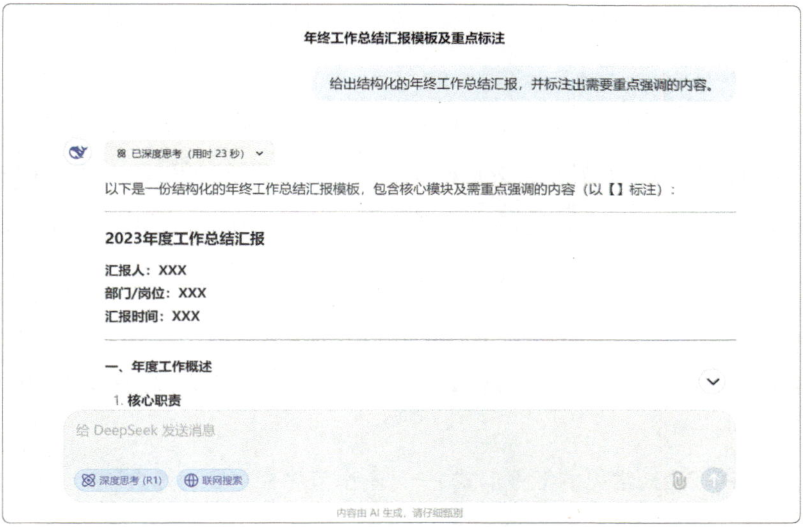

年终工作总结汇报模板及重点标注

给出结构化的年终工作总结汇报，并标注出需要重点强调的内容。

已深度思考（用时 23 秒）

以下是一份结构化的年终工作总结汇报模板，包含核心模块及需重点强调的内容（以【】标注）：

**2023年度工作总结汇报**

**汇报人：XXX**
**部门/岗位：XXX**
**汇报时间：XXX**

**一、年度工作概述**

1. **核心职责**

给 DeepSeek 发送消息

深度思考（R1）　联网搜索

内容由 AI 生成，请仔细甄别

图4.23 DeepSeek生成年终工作总结汇报

在不同类型的汇报中，DeepSeek也能发挥不同作用。

日常周报中，DeepSeek能提炼重点工作，优化排版，让周报简洁明了；项目汇报时，DeepSeek能敏锐识别、评估风险，整理阶段性成果，让领导轻松理解工作成果；年度总结中，面对繁杂的工作，DeepSeek能整合数据，提炼亮点，总结失败教训，规划方案，将冗长流水账变为精彩商业故事。

### ❷ 数据整合与语言优化

确定汇报重点后，DeepSeek可以协助生成汇报内容。

我们可以将零散的会议记录、邮件、Excel 表格、工作日志等内容，输入DeepSeek，要求它对这些内容进行梳理，输出逻辑清晰的汇报内容；也可以要求DeepSeek分析汇报涉及的数据，给出关于如何展示数据的建议。

在不同汇报场景下，DeepSeek还支持“口语化—专业化”转换，帮助调整语言风格。如果需要进一步突出某些重点，可通过DeepSeek进行检索与标注。DeepSeek还可检查内容是否存在逻辑矛盾、数据冲突或表述不充分的问题，并提供修改建议。

### 4.3.2 DeepSeek 与其他 AI 工具结合使用，让汇报更吸引人

PPT是最常见的汇报形式之一。本小节将介绍如何结合DeepSeek与其他AI工具高效制作PPT。

#### ❶ DeepSeek 与 Kimi 结合使用

除了DeepSeek，Kimi也是很受欢迎的AI工具，用来制作PPT比较方便。由于DeepSeek目前无法直接生成PPT，因此可将DeepSeek和Kimi结合使用。

**1. 利用DeepSeek生成PPT大纲**

把DeepSeek总结的工作汇报再次输入DeepSeek，要求它转化为PPT大纲。根据实际情况，调整大纲各部分顺序和内容详略，得到PPT文稿。

**2. 利用Kimi生成PPT**

在浏览器搜索“Kimi”访问其官方网站，进入Kimi界面后，单击左侧图标再选择“PPT助手”（如图4.24所示）。

图4.24　Kimi PPT助手

将DeepSeek生成的PPT文稿输入Kimi的PPT助手，然后从其丰富的模板库中选择合适的模板。例如，科技类汇报可选科技风模板，文艺类汇报可选淡雅插画风模板。

选定模板后单击“生成”，Kimi会依据内容和模板生成PPT初稿。

**3. 优化PPT**

在Kimi的在线编辑平台（如图4.25所示）上，可对生成的PPT进行优化。可以调整大纲、模板、文字、背景、图表等元素，使PPT更加符合实际需求。

图4.25 Kimi 的在线编辑平台

使用DeepSeek生成PPT大纲和PPT文稿，Kimi生成PPT，再经人工编辑，让PPT制作过程更轻松，内容更具吸引力。

## ❷ 专门的 PPT 制作 AI 工具

前文介绍了DeepSeek结合Kimi制作PPT的方法。对于需要经常制作PPT的用户，专门的PPT制作AI工具更值得关注，比如AiPPT。许多同类工具和它的核心功能类似，下面以AiPPT为例，详细介绍其功能。

### 1. 多样化的PPT生成方式

AiPPT提供多种PPT生成方式，满足不同用户需求。输入文档后，它能快速将其转化为PPT页面。提供网页链接后，它也能生成PPT。而且，给它输入一句话，它能自动生成PPT大纲，再选一个模板，就可以生成PPT。AiPPT不同的生成方式如图4.26所示。

图4.26 AiPPT的PPT生成方式

此外，它还接入了DeepSeek、智谱清言等不同的AI大模型，为PPT内容创作提供更多可能。

**2. 海量PPT模板且支持自定义**

AiPPT拥有丰富的PPT模板，适用于不同场景。无论用户是教师、学生，还是投资者、面试官等群体，都能找到合适的模板。而且，它支持自定义模板，用户可上传公司、学校的标准模板，后续制作PPT时直接套用，确保PPT风格统一。

同时，AiPPT还支持依据不同场景优化PPT文案，使语言风格更加符合需求；甚至支持调整PPT的语气，专业、幽默、亲切等语气都能实现；

还支持多种语言，比如中文、英文、日文、韩文。

**3. 允许在移动端、PC端同步查看内容**

AiPPT允许用户在移动端和PC端同步查看内容，方便用户在出差途中随时查看或修改PPT。AiPPT手机版创作界面和模板界面如图4.27和图4.28所示。

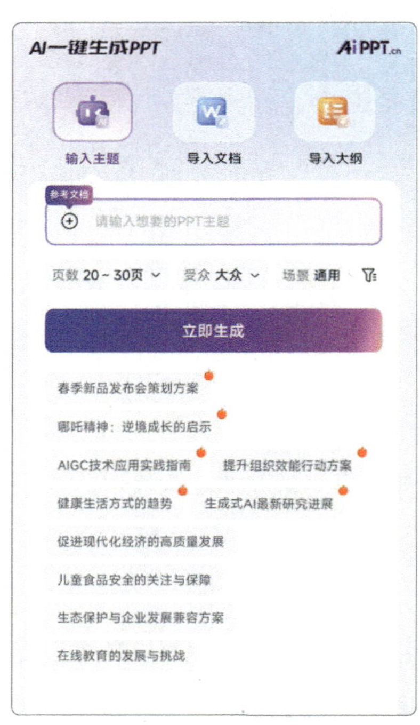


图4.27 AiPPT手机版创作界面

图4.28 AiPPT手机版模板界面

专门的PPT制作AI工具功能丰富、设计贴心，为高质量汇报提供有力支持。这类工具，通常提供免费使用次数，若用户使用频率较高，可能需要付费。

第5章

CHAPTER FIVE

# 让DeepSeek助你把握新兴AI商机

本章主要介绍如何利用AI进行内容创作，抓住AI带来的商机，主要内容如下。

首先，介绍一些AI绘图和视频创作工具，分享AI绘图和视频创作技巧。

其次，介绍如何利用DeepSeek打造个人自媒体。

再次，介绍DeepSeek和炒股之间的关联，分享利用DeepSeek辅助投资的方法。

最后，拓展阅读精选了AI用法，希望能帮助读者拓展思路，发现适合自己的AI商机。

# 5.1 AI绘图和视频创作

你是否留意到，一些热门的图片与短视频居然出自AI之手？

AI画作《埃德蒙·贝拉米肖像》（如图5.1所示）在佳士得拍卖行拍出43.25万美元高价，成为第一幅在大型拍卖会上成功交易的人工智能绘画。AI创作的《太空歌剧院》（如图5.2所示）荣获美国科罗拉多州博览会美术比赛第一名。

图5.1 AI画作《埃德蒙·贝拉米肖像》

图5.2 AI画作《太空歌剧院》

AI绘图和视频创作，孕育了巨大的商机。本节将介绍AI绘图和视频创作工具，探究AI绘图和视频创作的实操技巧，并剖析AI创作的商业应用案例。

## 5.1.1 AI绘图和视频创作工具介绍，找到你的内容创作利器

正式利用AI创作前，我们需要对AI创作工具有所了解。本小节将

介绍主流的AI绘图和视频创作工具，以及DeepSeek在内容创作中的作用。

### ❶ AI绘图工具介绍

下面以即梦AI为例，介绍AI绘图工具。

即梦AI是抖音旗下产品，支持在PC端和移动端使用，操作便捷，且能满足用户个性化需求。例如，用户可以用它生成朋友圈文案的配图。即梦AI App界面如图5.3和图5.4所示。

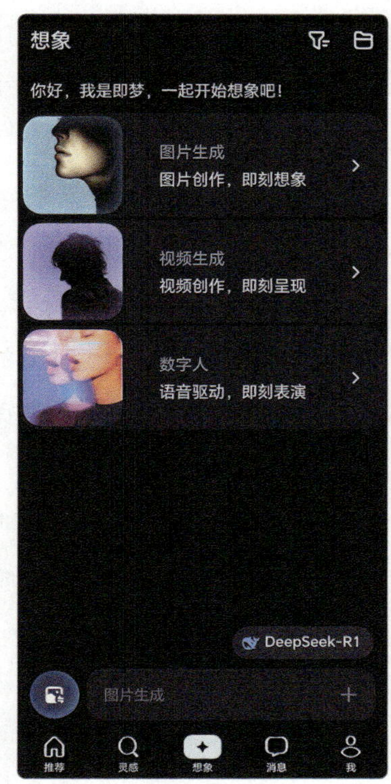


图5.3 即梦AI App作品创作界面

图5.4 即梦AI App灵感发现界面

即梦AI不仅能生成图片，还能生成视频和音乐。它的界面简洁，用户不需要系统学习就可以直接上手。同时，它拥有活跃的创作者社区，方便用户交流提示词与作品，提升使用技巧。

即梦AI生图速度比较快，通常30秒以内，就可以一次性生成4张图片供用户选择。

即梦AI采用“免费+增值服务”模式，用户每日登录即可得积分，能满足日常数十张图片的创作需求，超出免费额度则须订阅会员。

除即梦AI外，还有多款优质AI绘图工具。比如：Midjourney以生成图片具有高精度细节而受到众多用户青睐；稿定AI专注于商业设计，适用于各类商业场景；LiblibAI是在线生图平台，提供开源模型，具有丰富模板，创作门槛低。这些工具都能通过网页在线操作。

### ❷ AI视频创作工具介绍

下面以可灵AI为例，介绍AI视频创作工具。

可灵AI由快手技术团队打造，支持在PC端与移动端使用。它生成的视频不仅能呈现大幅度动作，还能模拟现实世界的物理特性，增强画面真实感。可灵AI PC端操作界面如图5.5所示。

可灵AI功能丰富：文生视频能依据文字描述生成动态视频；图生视频能让静态图片“动”起来；视频对口型功能可使人物按输入文本张嘴说话。它也能调节生成视频的时长和长宽比例。视频时长一般在5到10秒，长宽比例也有多个选项，满足用户个性化需求。可灵AI界面简洁，操作方便。

图5.5 可灵AI PC端操作界面

可灵AI生成视频的时间不确定。因为视频生成需要消耗大量算力，有时在线人数较多，可能需要较长时间才能生成一个5秒的视频。在视频质量方面，可灵AI的表现相对稳定。

在费用方面，可灵AI定期赠送免费额度，超出免费额度，须按使用量付费，使用量根据视频时长和质量计算。

此外，还有不少优秀的AI视频创作工具：Runway在影视级视频创作领域能力强，能生成高质量视频；Pika生成视频的速度快，编辑功能丰富；海螺AI在画面色彩等方面表现突出。2025年1月AI视觉工具在PC端的月总访问量前10名如表5.1所示。

表5.1 2025年1月AI视觉工具在PC端的月总访问量前10名（资料来源：量子位智库）

| 序号 | AI 工具 | AI 领域 | PC 端月总访问量 / 次 |
|---|---|---|---|
| 1 | 稿定 AI | AI 设计 | 大于 250 万 |
| 2 | 即梦 AI | AI 生图 / 视频 | 大于 250 万 |
| 3 | 可灵 AI | AI 视频 | 大于 200 万 |
| 4 | LiblibAI | AI 生图 | 大于 200 万 |
| 5 | Canva 可画 | AI 设计 | 大于 200 万 |
| 6 | 莫高设计 | AI 设计 | 大于 100 万 |
| 7 | 无限画 | AI 生图 | 大于 100 万 |
| 8 | 美图设计室 | AI 设计 | 大于 50 万 |
| 9 | 超能画布 | AI 摄影 | 大于 50 万 |
| 10 | Pixso | AI 设计 | 大于 50 万 |

### 5.1.2 掌握文图转换技巧，用 AI 让创意落地

本小节将介绍如何使用AI进行图片和视频创作。

#### ❶ AI 创作基础知识

常见的AI创作模式有四种：文生图、图生图、文生视频、图生视频。下面讲解这四种创作模式的基础知识。

文生图是AI视觉创作的基础，图生图、文生视频、图生视频的底层逻辑都与之相通。文生图的运算成本低、生成速度快。文生图的过程有三步：输入提示词、设置参数生成图片、优化图片。

掌握文生图后，学习文生视频会变得相对容易。两者的过程相似，都是输入提示词、调整参数、优化。区别在于，文生图速度快、修改便捷；而

文生视频生成速度较慢，后期优化难度高。因此，在专业创作中，建议先通过文生图确定视觉效果，再利用图生视频呈现动态效果。从提示词设计来看，文生图与文生视频均须包含主体、动作和场景，不同之处在于：文生图捕捉瞬间画面，而文生视频展现完整的动作过程。

图生图的优势在于生成结果精准可控。例如，想要生成一张宠物小猫的图片，文生图可能会有偏差，但若上传真实图片作为参考，AI便能更准确地还原目标形象。图生图的提示词逻辑与文生图类似，只是需要参考图片。当前主流AI绘图工具基本都有图生图功能。

在专业创作中，图生视频比文生视频应用更为广泛，主要原因在于其可控性更高。先生成图像，再将图像转换为视频，不仅能更好地掌控最终效果，还能降低试错成本，提高创作效率。

### ❷ 演示 AI 绘图过程

下面使用PC端即梦AI演示AI绘图过程。

**1. 输入提示词**

提示词是文生图的核心，直接决定生成结果的质量。只有通过具体、明确的描述，AI才能有效解析你的意图并生成符合预期的图像。

例如，若仅输入“一个男孩”这类宽泛指令，AI可能因信息缺失而随机生成差异显著的结果，如图5.6所示。AI生成的图像中，人物特征、艺术风格及场景细节都大不相同。

当输入“一个中国男孩，正面，写实”这类精准指令时，因为描述更具体，AI生成的结果将更符合你的预期，如图5.7所示。

图5.6 输入宽泛指令的绘图结果

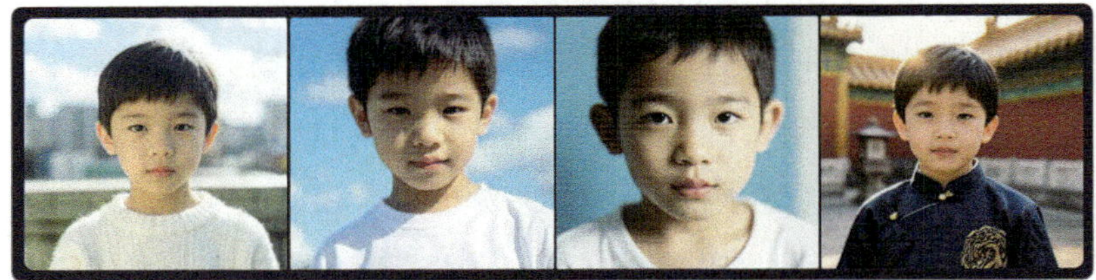

图5.7 输入精准指令的绘图效果

写提示词需遵循结构化原则：核心框架由"主体+场景+动作"构成，辅以风格、氛围、运镜、光线、景别等拓展要素，实现多维度的画面描述。提示词要素、要素作用及示例如表5.2所示。

**表5.2 提示词要素、要素作用及示例**

| 提示词要素 | 要素作用 | 示例 |
|---|---|---|
| 主体描述 | 明确主体的物理特征与属性，主体分为人物、动物、植物或物品等类别 | 一只通体雪白的信鸽；皮肤白皙、黑发浓密的青年女子 |
| 场景描述 | 交代主体所处的环境或背景 | 喧闹的学校操场；北欧风格的开放式厨房；晨雾弥漫的草原 |
| 动作描述 | 动词主导，刻画动态 | 全力冲刺奔跑；进行拳击训练 |
| 风格描述 | 明确视频的风格类型 | 写实主义、纪录片质感、电影级渲染、科幻美学 |

（续表）

| 提示词要素 | 要素作用 | 示例 |
|---|---|---|
| 氛围描述 | 通过情感基调词强化画面感染力 | 家庭温馨感、悬疑紧张感、超现实神秘感 |
| 运镜方式 | 说明镜头的运动轨迹 | 固定机位、手持晃动、水平横移、环绕拍摄 |
| 光线描述 | 描述光线情况 | 室内柔光、黄昏暖调光线、多云天气的自然光 |
| 景别描述 | 确定主体在画面中的大小 | 航拍视角、面部特写、腰部中景、全景镜头 |

练习写提示词时，可以采用扩写提示词的方式，体会简单提示词与复杂提示词的差别，如图5.8所示。

（a）一只小狗

（b）一只小狗，在草地上

（c）一只小狗，在草地上，奔跑

（d）一只小狗，在草地上，奔跑，动画风格

（e）一只小狗，在草地上，奔跑，动画风格，在阳光下

（f）一只小狗，在草地上，奔跑，动画风格，在阳光下，全景

图5.8 提示词从简单到复杂的绘图效果

初学者可以过学习AI绘图平台的优质案例，提高设计提示词的能力。另外，如果你有参考图像，可通过DeepSeek的图像解析功能提取画面要素，再将描述输入AI绘图工具进行创作。

**2.设置参数生成图片**

完成提示词输入后，就进入参数设置阶段。常用的AI绘图工具的参数调整操作一般比较简单。这里以即梦AI为例，其参数设置与模型选择分别如图5.9和图5.10所示。

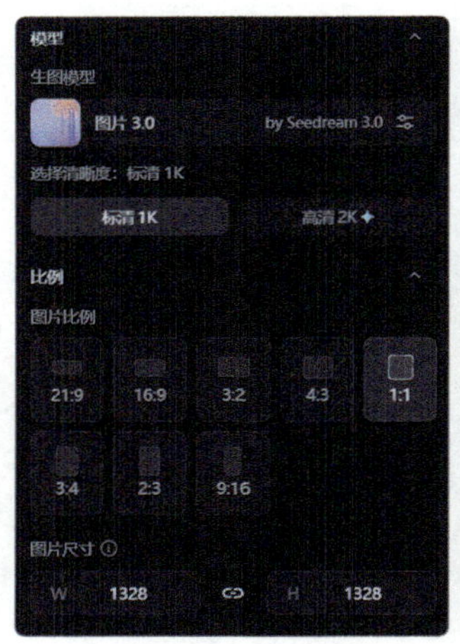


图5.9 即梦AI参数设置

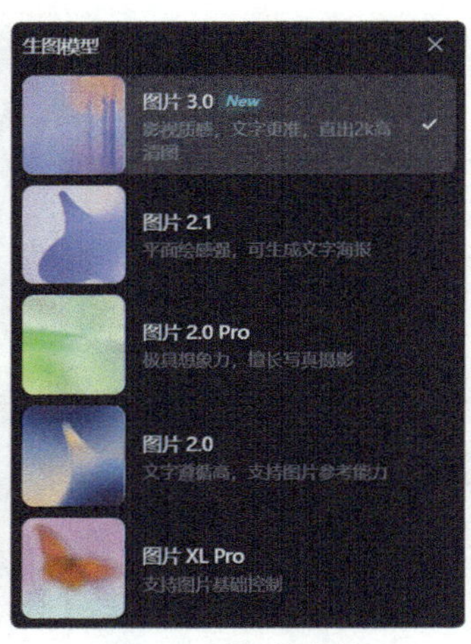


图5.10 即梦AI模型选择

首先须根据创作目标选择生图模型。例如，有的模型擅长文字渲染，适合用于标识与标语设计；有的模型在人像优化方面效果突出，能够刻画面部微表情、皮肤质感等生物特征。推荐新手选择最新版本模型，通常它在各方面的表现最为均衡。

接着设置图片比例和图片尺寸。不同的图片比例适用于不同场景。比如，1：1适用于头像/产品展示，4：3适用于计算机壁纸，9：16适用于短视频平台。图片尺寸数值越大，图片细节越多，文件体积也会越大。

完成设置后点击“立即生成”按钮，通常在10～30秒就能获得结果。

**3. 优化图片**

当生成的图片未达预期时，有以下4种方法可以对图片进行优化。

一是尝试多次生成。AI创作有时类似于抽奖，多尝试几次更容易获得满意的图片。这里的前提是，初次生成的图片和预期差距不大。

二是修改提示词。可以加入更多细节，比如把提示词“小女孩”，改成“穿蓝白校服、单眼皮、背红色书包的10岁小女孩”。

三是局部重绘。当图片只是局部有瑕疵时，可以采用这个方法。比如，背景不够丰富，可以提出局部修改要求，只修改不满意的部分。即梦AI的局部重绘功能如图5.11所示，局部重绘效果如图5.12所示。

图5.11 即梦AI局部重绘功能

图5.12 即梦AI图片局部重绘效果

四是通过图片处理软件精修。如果有需要，还可以通过DeepSeek生成自动化修图脚本，然后采用图片处理软件修图。

灵活运用上述方法，能够有效提升AI绘图效果。

要提升AI内容创作能力，大量实践必不可少。只有在实践中反复练习，才能真正掌握AI绘图和视频制作的精髓。

### 5.1.3 商业应用案例剖析，见证 AI 创作的潜力

接下来剖析AI创作的商业应用案例。

#### ❶ 电商和营销图片创作

在某电商平台，有创作者利用AI制作电商产品图，产品价格从几元到几百元不等。

如图5.13所示，定价50元的产品销量超过6000，定价100元的产品销量超过600，店铺总收入非常可观。

（a）AI绘图产品一

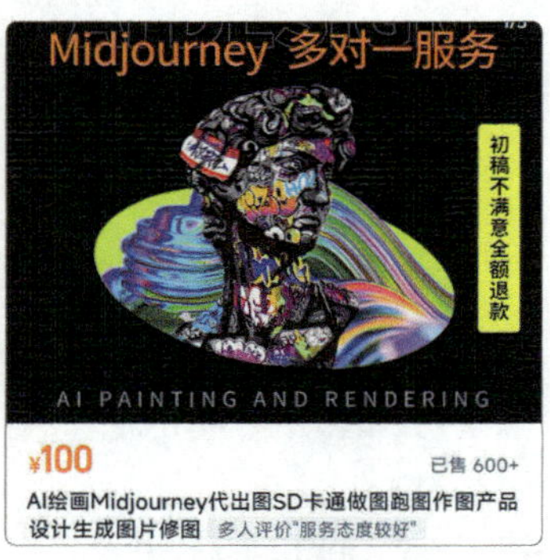


（b）AI绘图产品二

图5.13 AI绘图在某电商平台部分产品截图

AI绘图技术大幅降低了创作门槛，多数个体创业者掌握基础操作后，即可独立完成作品。

除了生成电商产品图，也可以用AI绘图技术生成创意作品。

2023年初，某AIGC艺术家与麦当劳合作推出了“麦麦博物馆系列”作品（如图5.14所示），用AI打造了一系列脑洞大开的创意作品，包括青铜器造型的汉堡、传世宝玉风格的薯条等，作品首轮发布后便在小红书上收获大量点赞。

图5.14　“麦麦博物馆系列”作品

“麦麦博物馆系列”作品爆火后，创作者以AI艺术家的身份与知名商业品牌合作，不仅获得商业收入，还在营销圈积累了好口碑。

### ❷ 短片和短视频创作

使用可灵AI生成的短片如图5.15所示，每集在快手平台都有数万个点赞。随着AI技术的发展，个体创作者借助AI独立创作动画已经成为可能。

图5.15 AI制作的短片

还有比AI动画更简单的内容。比如，抖音账号“一念祝福”采用了传统年娃娃的形象，并让它们“开口说话”，以幽默、温馨的方式传递春节祝福，如图5.16所示。一些热门短视频发布后，“一念祝福”账号获得了超10万个点赞，实现了裂变式传播。用户使用DeepSeek生成祝福语文案后，再用可灵AI即可完成这类短视频制作。

这类短视频制作流程也较为简单。首先在DeepSeek中输入创作要求，获取分镜头脚本；然后在AI视频工具中导入分镜头脚本，等待视频生成；最后剪辑配乐，完成制作。

（a）主页AI视频展示

（b）带货橱窗商品展示

图5.16 抖音账号“一念祝福”的AI短视频和带货情况

## 5.2 借助 DeepSeek，打造个人自媒体

5.1节介绍了AI绘图和视频创作。本节介绍如何借助DeepSeek，打造个人自媒体。

在竞争激烈的自媒体领域，功能强大的DeepSeek可以成为自媒体创作者的得力助手。

打造自媒体，可以分为前期筹备、中期内容输出、后期内容呈现和运营三个阶段。DeepSeek 可以赋能自媒体创作全过程，为自媒体创作者提供全方位支持。

### 5.2.1 借助 AI 确定自媒体定位和平台

个人自媒体是个人的“数字资产”。打造个人自媒体可以增加收入，扩大影响力，带来持续的收益。

在AI时代，打造个人自媒体难度有所降低。过去需要专业团队才能完成的工作，现在一个人用一台计算机，甚至一部手机，也有机会实现。

借助AI打造个人自媒体，在前期筹备阶段，首先需要明确方向：精准定位、选对平台。下面将解答如何精准定位和选择平台。

## ❶ 利用 DeepSeek 为个人自媒体精准定位

打造辨识度高的个人自媒体，需要精准定位。精准定位需要完成3个关键步骤：选定细分赛道、拆解对标账号、融合个人特色。下面介绍如何借助DeepSeek完成这三步。

### 1. 借助DeepSeek选定细分赛道

选对自媒体赛道，能让你避开激烈竞争，发挥优势。你可以借助DeepSeek，对兴趣、技能、市场三要素全面分析。

选择感兴趣的领域，能保证创作灵感不枯竭；发挥擅长的技能，能够降低内容生产门槛；而寻找有需求和竞争适中的市场，更容易收获正向反馈。

在DeepSeek中输入个人兴趣和技能，可以寻求自媒体赛道建议，如图5.17所示。后续可以进一步要求DeepSeek分析不同赛道热度、内容供需比、变现难易度、未来趋势等，辅助确定赛道。

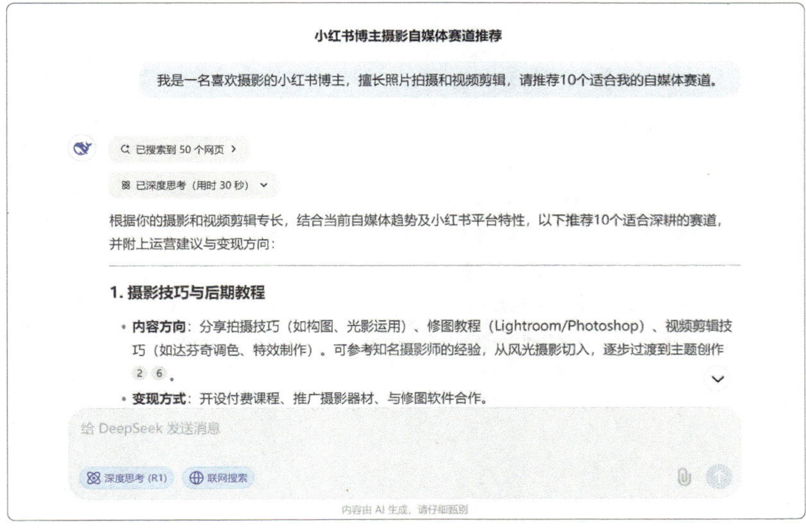

图5.17 DeepSeek推荐自媒体赛道

## 2. 借助DeepSeek拆解对标账号

选定赛道后，还需确定细分领域、人设和受众，拆解对标账号可以为你提供思路。

同一赛道有不同分支，如美食领域的“探店”和“厨艺教学”，其受众不同。

对标账号为什么成功?做对了什么?针对这些问题，DeepSeek可以给你答案。

既可以用DeepSeek分析赛道中增速较快的方向，如图5.18所示；也可以利用DeepSeek分析账号的人设和受众。

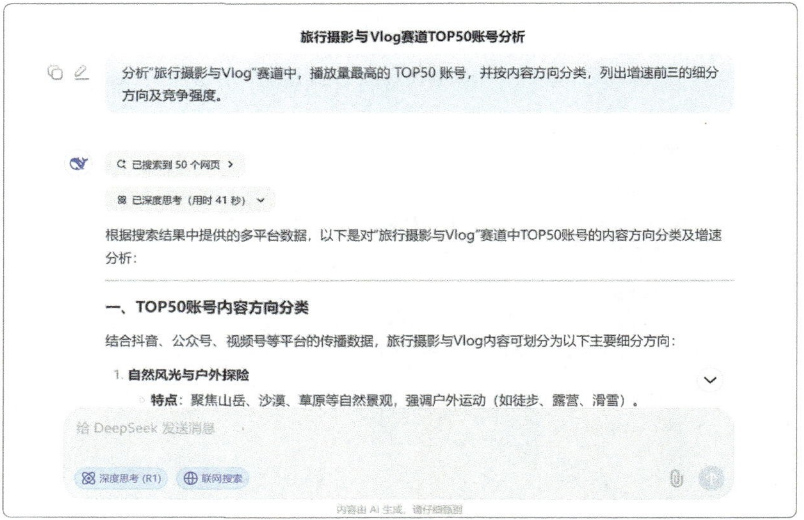


图5.18 DeepSeek进行赛道分析

### 3. 融合个人特色

细分赛道中的不同账号，有共性也各有特色。比如，美食博主常用暖色调，有的靠方言，有的靠厨艺，打造记忆点。科技博主专业靠谱，通常还会在内容中融入具有个人特色的幽默感。可以借助DeepSeek，融合个人特色，打造差异化，如图5.19所示。

这里需要注意，DeepSeek很难精准分析出个人特色。我们可以用语言描绘个人经历和能力，但一个账号独特的风格，以及它带给观众的直观感受，却很难用文字精准表述。

这也从侧面说明了，AI确实能在很多方面为我们提供强大助力，帮我们节省时间、拓展思路，但人类的创造力和感知力依然无可替代。

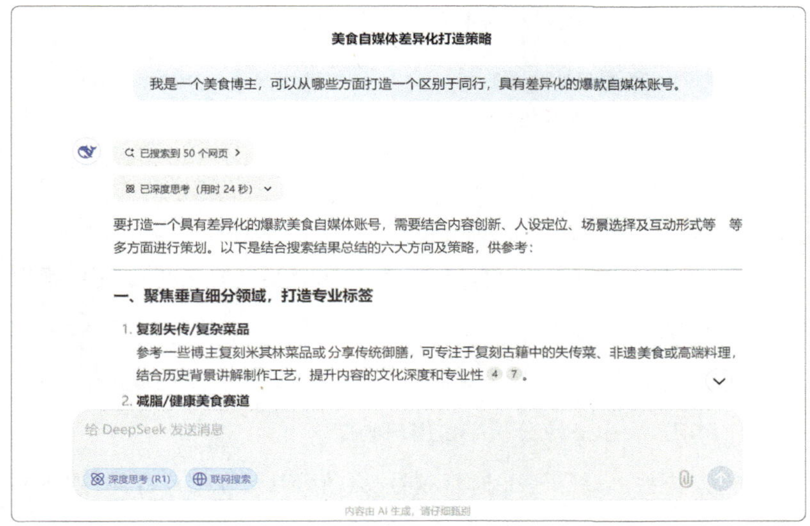


图5.19 DeepSeek给出的差异化建议

## ❷ 利用 DeepSeek 选择平台

确定自媒体账号的精确定位后，就要选择平台，这一过程可以借助DeepSeek完成。

下面依次介绍选对平台的重要性、利用DeepSeek分析平台用户画像、利用DeepSeek分析平台热门内容、利用DeepSeek分析平台的变现潜力。

### 1. 选对平台的重要性

平台选择关乎内容传播与账号商业价值，选错平台可能会事倍功半。适合打造个人自媒体的平台主要有抖音、快手、小红书、B站、视频号、微信公众号等，各平台间有一些差异。

用户群体差异。不同平台的用户结构不同，如B站多年轻用户，小红书的女性用户居多，视频号的中老年用户占比相对高。

内容形式差异。擅长长文写作的人做短视频，效果欠佳。微信公众号适合深度内容，短视频则须快节奏娱乐内容。

变现方式不同。抖音直播带货、小红书品牌广告、微信公众号知识付费，各有优势。

平台规则。部分平台严打搬运抄袭、对敏感话题容忍度低，不熟悉规则可能导致账号被封。

精力有限的情况下，建议只选择一个平台，并有针对性地优化内容。

**2. 利用DeepSeek分析平台用户画像**

抖音、快手、小红书、B站、视频号、微信公众号在用户群体、内容形式、变现方式等方面存在显著差异，你可以借助DeepSeek分析不同平台的用户画像，以便更深入地了解用户，如图5.20所示。

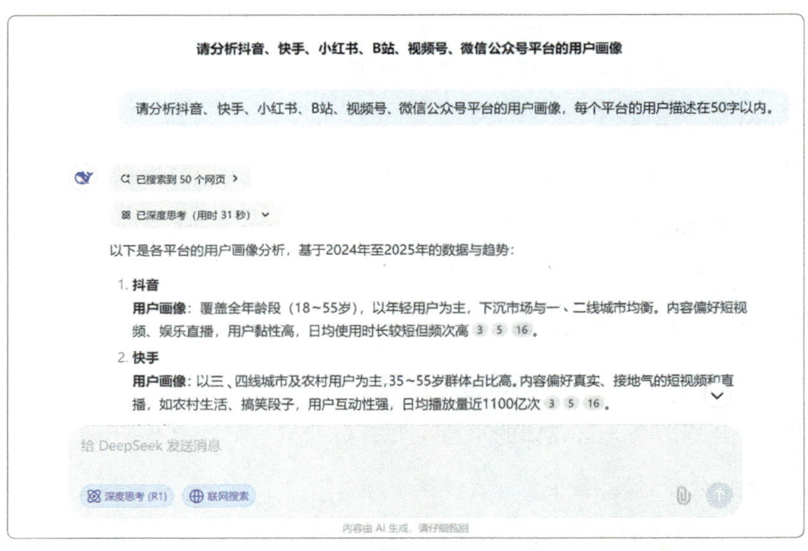


图5.20 DeepSeek分析不同平台的用户画像

### 3. 利用DeepSeek分析平台热门内容

除了平台的用户特点，了解各个平台热门内容也很重要。同样可以利用DeepSeek分析，如图5.21所示。

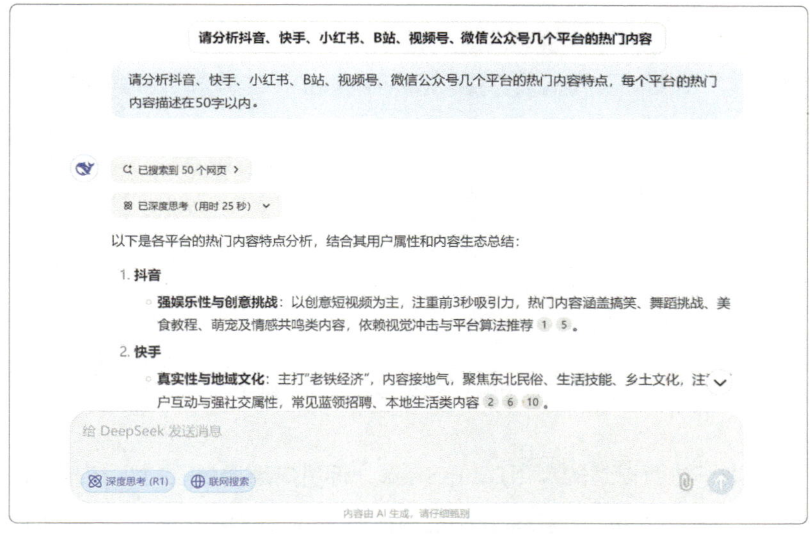


图5.21　DeepSeek分析不同平台热门内容

### 4. 利用DeepSeek分析平台的变现潜力

自媒体创作难免会遇到创作低谷期，商业变现不失为一种良性驱动力。因此，平台变现潜力的重要性不可小觑。可以利用DeepSeek分析不同平台的变现潜力，如图5.22所示。

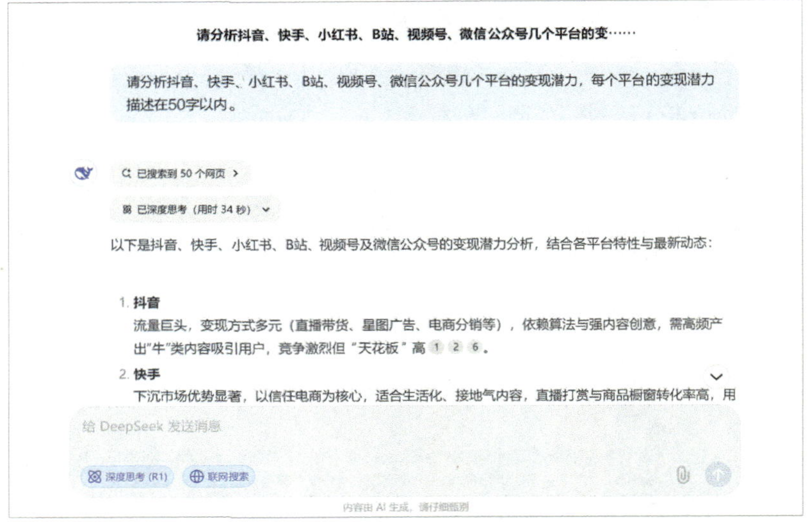


图5.22 DeepSeek分析不同平台的变现潜力

除了前面提到的利用DeepSeek分析用户画像、平台热门内容，以及变现潜力，还可以进一步追问具体数据，如抖音直播带货转化率、小红书品牌合作收入区间等，也能要求其提供数据来源。若想直观对比，可让DeepSeek用表格呈现各平台用户画像、热门内容、变现潜力。

当梳理好账号定位和平台特点后，如果仍纠结如何选择平台，可将相关信息提供给DeepSeek，并要求它进一步分析。

## 5.2.2 借助 AI 策划选题文案

完成明确账号定位、选择平台等前期准备后，接下来就要持续产出优质内容。

持续产出内容十分关键。纽约大学博士生史密斯（Smith）分析了1369位Instagram和TikTok（抖音国际版）创作者，研究发现：持续稳定地产出高质量作品，是成为大“网红”的一个重要因素。持续产出优质内容耗时费力，而DeepSeek能有效提高产出效率。

视频创作分为内容创作和视觉呈现。本小节将聚焦内容创作，其流程包括新闻素材收集、选题调研、文案撰写和文案审核，分享如何用DeepSeek提升各环节效率。

## ❶ 新闻素材收集和选题调研

下面介绍如何将DeepSeek用于新闻素材收集和选题调研。

### 1. 新闻素材收集：DeepSeek帮你抓住热点

做自媒体，把握热点很重要，因为热点事件能瞬间吸引大量关注。DeepSeek能24小时不间断捕捉热点。热点转瞬即逝，DeepSeek能实时扫描互联网上的信息，帮你精准捕捉热点。

获取热点的方法很多，最简单的方式就是直接向AI提问，如图5.23所示。DeepSeek、豆包、通义千问、Kimi等主流AI平台，都能轻松完成这项任务。

如果你想实现更高效的热点捕捉，可以采用智能体。创建智能体的具体方法，在本书6.2.2小节有更多介绍。

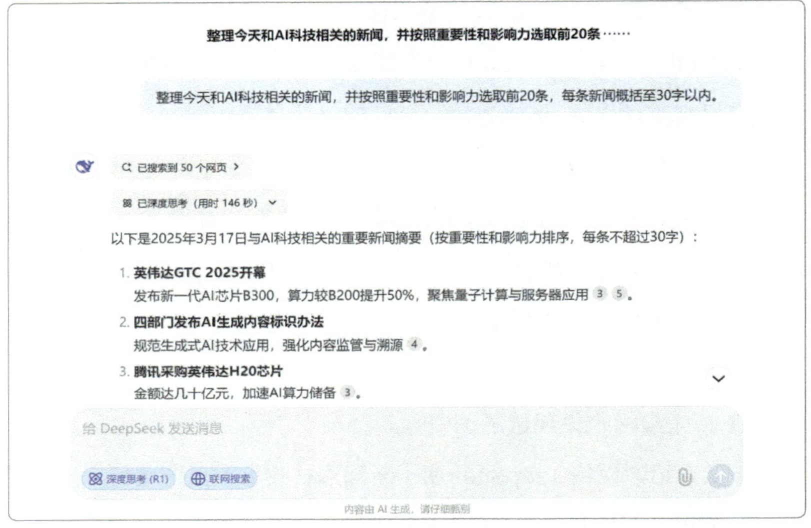


图5.23 DeepSeek抓取热点

## 2. 选题调研：AI帮你选出“潜力股”

选题调研有两方面工作。一是从众多热点中，筛选出有价值的主题。二是在选定的主题中，确定具体创作角度。

要提升从热点中确定选题的能力，需要日常研究爆款视频内容。可以借助AI分析平台提取热门内容数据，研究阅读量高、互动性强的视频文案，从而快速掌握大众关注焦点。使用豆包提取抖音热门短视频文案的示例如图5.24所示。

图5.24　豆包提取抖音热门短视频文案

选定主题后，可以利用AI确定创作角度。以“DeepSeek”主题为例，既可以从“产业链介绍”“日常使用技巧”“技术原理解读”等实用角度呈现内容，也能从“开发故事”“行业变革影响”等叙事性角度呈现内容。DeepSeek提供的创作角度如图5.25所示。

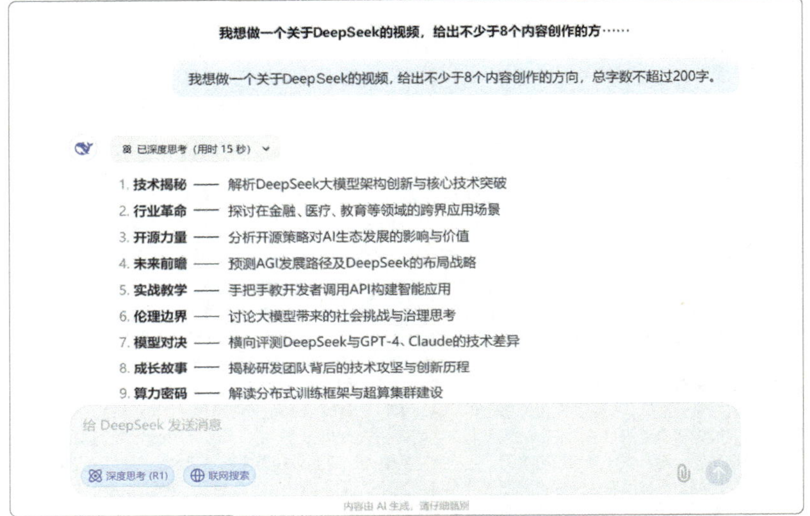


图5.25 DeepSeek提供的创作角度

## ❷ 文案撰写和文案审核

确定选题和创作角度后，接下来便要撰写文案；文案完成后，还需进行审核，以确保内容无误，表达精准。这些过程都可以用DeepSeek辅助。

### 1. 文案撰写：AI是你的创意小助手

当你准备好参考资料后，把素材交给DeepSeek，它能结合素材和知识库，生成多个不同风格的初稿。你可以从这些初稿里选出新鲜有趣的，再手动优化，一篇精彩的文案就诞生了。DeepSeek撰写的文案如图5.26所示。

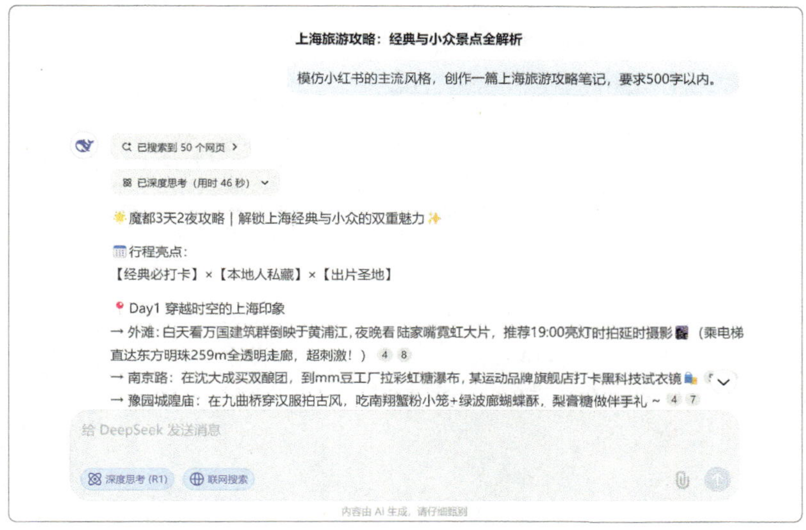


图5.26 DeepSeek撰写的文案

确定文案后，创作吸引人的标题很重要。DeepSeek能根据文案生成多种风格的标题。以“减肥方法”为例，它能生成“一个月瘦十斤的减肥秘诀大公开”“减肥路上的那些辛酸与坚持，你中招了吗”“超实用！让你轻松瘦下来的减肥小妙招”等不同风格的标题，提升点击率。

**2. 文案审核：AI帮你把好“安全关”**

文案审核也离不开AI。如DeepSeek会检查标点、语句、违禁词等，指出错别字和有歧义的表述，确保内容无误，如图5.27所示。

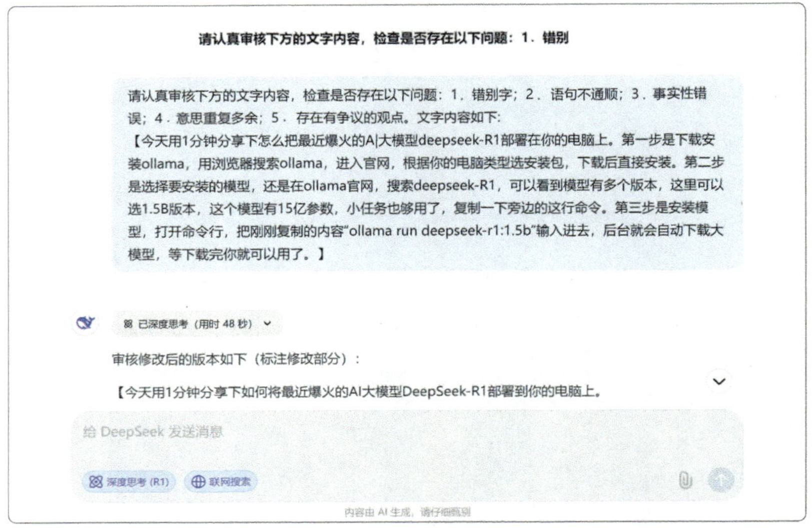


图5.27 DeepSeek审核文案

## 5.2.3 用 AI 工具剪辑和复盘，提升你的创作效率

要成功打造个人自媒体，仅有好文案还不够，还需要把内容以吸睛形式呈现。同时，也需要根据视频发布后的表现，及时复盘。这些工作耗时，可用AI工具提升创作效率。

### ❶ 视频剪辑和数字人

使用AI工具剪辑视频，可以大大提高剪辑效率。如果安排AI数字人出镜，那么剪辑压力可以进一步减小。

#### 1. 视频剪辑

视频剪辑需要技术，也比较耗时。全网拥有超过1000万个粉丝的某科技博主调研了145位自媒体博主，其中近40位博主制作视频字幕的时间超过1小时。该名博主自己也曾透露，前几年他自己制作视频字幕时得花费数小时。

现在，剪映等剪辑工具可以利用AI直接生成字幕，大幅减少手动调整字幕的工作量，提高添加字幕的速度。同时，AI能将视频内容转为文字，你只需编辑文字就能调整对应视频片段，提升剪辑速度，使内容呈现效率大大提高。

**2. 数字人**

数字人是口播类自媒体的得力助手。它如同虚拟分身，用户输入文案就能生成带语音的视频。数字人具有多样的形象和特色的声音，用户还能定制专属形象、复刻声音。

使用数字人的成本比招聘真人主播的成本低，且数字人能24小时工作。虽在情感表达和临场应变上有局限，但用在产品介绍、知识科普等方面已足够专业。剪映中的一些数字人形象如图5.28所示。

图5.28 剪映中的一些数字人形象

### ❷ 数据与评论分析

视频发布后，播放量、点赞、评论等数据能够直观反映观众的满意度。将这些数据交给AI，它可以分析出最佳发布时间、观众的观看偏好以及流失节点，如图5.29所示，从而帮助创作者优化内容和调整发布策略。

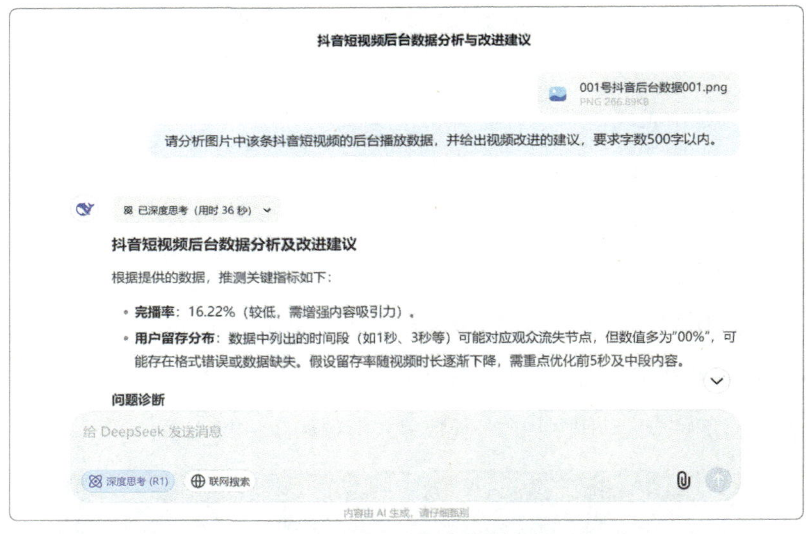


图5.29 DeepSeek分析视频数据表现

观众的评论包含重要的反馈信息，但逐条查看费时费力。AI可生成代码爬取评论并分析，按表扬、批评等标签分类，判断情绪倾向。创作者借此及时回复关键评论，将评论转化为创作灵感，增加与观众的互动。

### ❸ 团队搭建

随着自媒体事业的发展，单打独斗难以应对日益增长的工作量，组建专业团队成为必然选择。AI可以根据账号定位、内容方向和发展目标，智能分析所需的人才类型。例如，运营美食类视频账号，可能需要厨师、摄影师、文案编辑和运营人员。DeepSeek对团队搭建的建议如图5.30所示。

此外，AI还能借鉴同类优质账号的团队案例，提供科学的管理方案。例如，它可能建议设立菜品研发奖金，或建立摄影师与厨师的定期沟通机制。

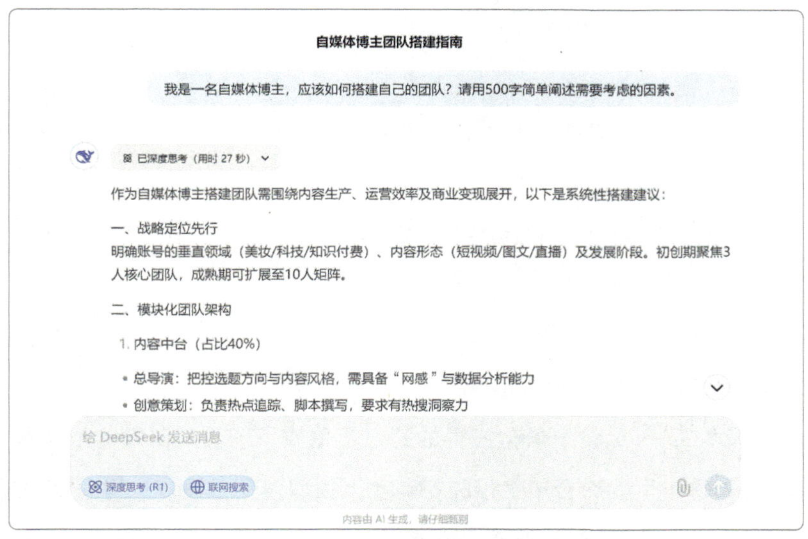

图5.30 DeepSeek对团队搭建的建议

从内容分析到团队协作，AI已成为自媒体创作与运营的重要助手。合理运用AI，重复工作将大幅减少，创作者可以更专注于创意工作。

## 5.3 利用 DeepSeek 炒股靠谱吗

作为科技博主，笔者在直播中分享AI工具使用经验时，常被观众问道："DeepSeek能用来炒股吗？怎么用DeepSeek炒股？"

本节将解答两个常见疑问。第一，DeepSeek和炒股有什么关联；第二，DeepSeek能否用于炒股。

本节不涉及投资指导，主要从技术层面分析DeepSeek与炒股的联系，探讨用它炒股的可行性。

### 5.3.1 DeepSeek 和炒股有什么关联

研发DeepSeek的深度求索公司，是知名投资机构幻方量化旗下子公司，幻方量化在量化投资领域表现出色。

量化投资靠数学模型和计算机程序代替主观判断进行投资交易，广泛用于股票、期货、外汇等市场。

很多人好奇，精于量化投资的幻方量化旗下子公司研发的AI大模型，是不是天生就适合用来炒股？其实"大模型由量化投资机构研发"和"适合用来炒股"之间没有必然联系。量化投资机构能开发DeepSeek，是因为量化算法研发和大模型研发有很多共性。从技术可行性看，二者共享算法、算力、数据三大技术基础，还都需要大量资金投入。

## 5.3.2 DeepSeek能否用于炒股

我们可以把DeepSeek当作辅助工具，提升投资决策效率，但不能指望完全依赖它实现盈利。

DeepSeek能快速处理市场数据，提供趋势分析报告，提炼财经新闻和研报关键信息；还能输出代码，测试投资组合收益，辅助制定交易策略。但是，它无法构建完整的量化交易体系。

有效使用DeepSeek进行量化投资的前提是：深刻理解量化投资，已建立初级策略框架且能快速迭代策略。毕竟，技术工具的价值和使用者的专业认知水平相关。

接下来分享DeepSeek在量化投资中的一些实用案例。

### ❶ 数据处理和图表绘制

DeepSeek能直接生成代码，通过代码处理数据，能提升数据处理效率。

分析大量股票历史数据时，利用DeepSeek可以在短时间内完成数据清洗、格式转换并提取数据关键指标，还能绘制股价变化图。利用DeepSeek绘制的某股票收盘价走势图如图5.31所示。

### ❷ 策略开发与优化

DeepSeek支持定制个性化投资方案，能解析前沿策略和学术成果，辅助用户掌握量化交易算法，如图5.32所示。通过交互对话，DeepSeek可依据用户风险偏好和投资目标，参考已有的成熟策略，构建投资模型。

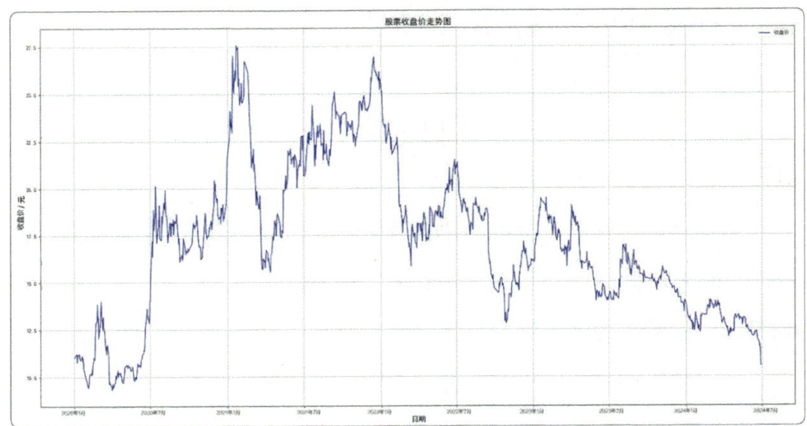


图5.31 利用DeepSeek绘制的某股票收盘价走势图

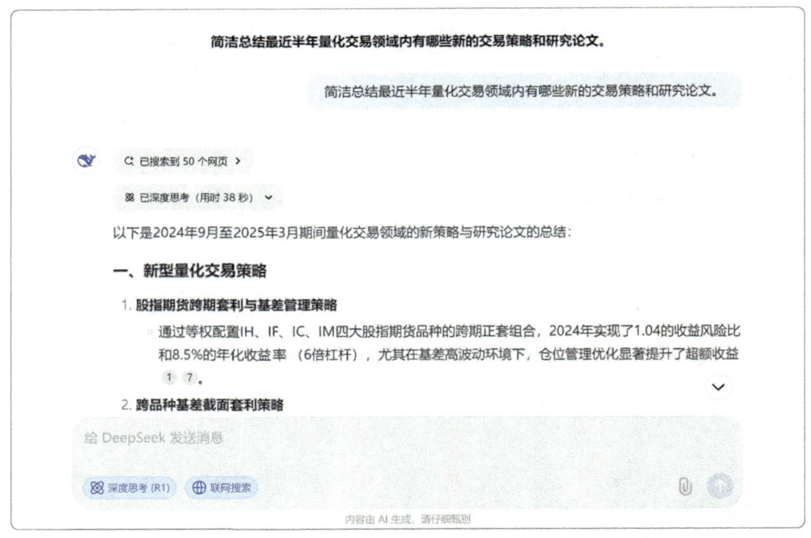


图5.32 DeepSeek总结量化交易策略和研究论文

### ❸ 市场预测与情绪分析

在社交媒体情绪影响市场的环境下，DeepSeek可实时监测舆情。传统人工分析市场情绪费力且易滞后、有遗漏；而DeepSeek结合爬虫技术收集数据并分析归类，让普通投资者也能洞察市场情绪，如图5.33所示。

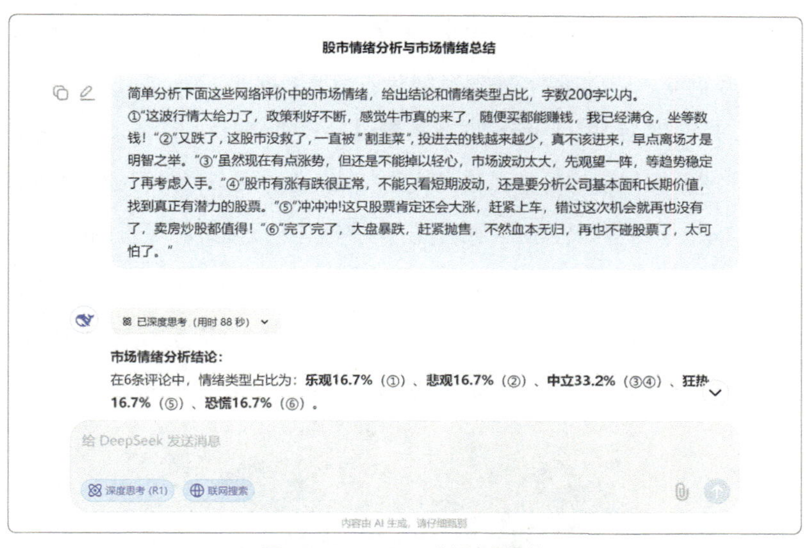


图5.33 DeepSeek分析市场情绪

对个人投资者而言，量化投资的高门槛体现在对综合知识的高要求。个人投资者除了需要对金融市场有深入了解，还需要掌握编程、数学、法律等多方面的知识。而且量化交易算法一直在迭代，本月可以实现盈利的策略，下月未必还能继续实现盈利，这要求个人投资者持续学习。对非专业投资者而言，将DeepSeek应用于其他领域而非股票领域，更可能获得相对更高的投入产出比。

## 拓展阅读 AI 还有哪些用法

除了上述案例，下面再来看一些其他的AI用法。

一是利用AI将老照片转为视频。有博主用 AI 将老照片转为视频，爆款笔记单篇点赞量超10 万。制作流程为获取老照片、用AI工具修复、通过AI生视频工具转化、用剪辑工具剪辑。博主通过承接照片转视频业务、接广告等多渠道变现，体现出AI在该领域的商业价值。

二是利用AI“复活”经典文学人物，打造风格独特的爆款内容。某博主精准捕捉林黛玉的语言风格和人物特点，通过发布相关视频增加5万多个粉丝，其内容如图5.34所示。制作流程包括：搜集林黛玉的经典语录，借助DeepSeek生成符合人物性格的个性化文案，并利用即梦AI生成林黛玉的形象，最终合成短视频。该博主通过与粉丝互动、建立社群、开设课程及商业合作等方式变现，展现了AI在相关赛道的商业潜力。

图5.34 AI内容创作案例

此外，还有许多创意AI用法。比如，利用AI图像生成技术，让经典角色以动画形象的形式呈现，搭配温暖人心的文字，传递积极态度。

第6章

CHAPTER SIX

# 如何抓住DeepSeek带来的机遇，进入AI行业

你是否想抓住DeepSeek带来的机遇，进入AI行业？本章为你提供进入AI行业的建议。本章分为三部分。

首先，介绍AI岗位，解答常见的转行疑问，然后介绍一些通常不要求技术经验的AI岗位。

其次，分享实用的入行攻略，包括转行思路与转行路径、具有可操作性的AI项目，以及如何借助AI优化简历和模拟面试。

最后，拓展阅读部分，通过回顾移动互联网行业发展，帮助读者抓住转入AI行业的时机。

## 6.1 AI 岗位介绍：工作内容、任职要求、发展前景

本节主要介绍三个方面的内容：首先，破除一些常见的对AI岗位的误解。其次，详细介绍不要求技术经验的AI岗位。最后，介绍AI相关岗位的薪酬待遇以及职业发展前景。

### 6.1.1 不懂 AI 技术，没有高学历，能够进入 AI 行业吗

转行从事AI相关岗位，一定要懂AI技术吗？一定要高学历吗？下面一起来看一看。

#### ❶ 不是所有 AI 岗位都需要 AI 技术基础

常见的一个认知误区，就是认为AI相关岗位招聘要求极高，没有技术基础就与这些岗位无缘。

这种印象的产生，可能是受一些热门AI岗位的招聘要求的影响。如图6.1所示是深度学习研发工程师的招聘信息，的确罗列了诸多技术要求，让人望而生畏。此类热门岗位信息在网络上广泛传播，很多人便误以为所有AI岗位都对技术有严苛要求。

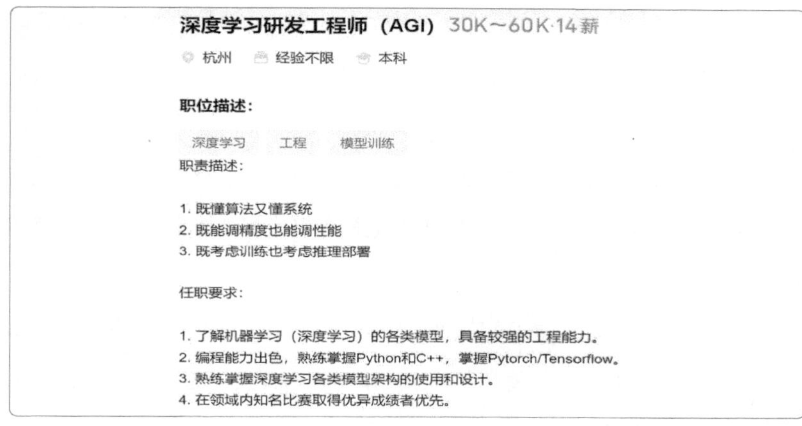

**深度学习研发工程师（AGI）** 30K～60K·14薪

杭州　经验不限　本科

**职位描述：**

深度学习　工程　模型训练

职责描述：

1. 既懂算法又懂系统
2. 既能调精度也能调性能
3. 既考虑训练也考虑推理部署

任职要求：

1. 了解机器学习（深度学习）的各类模型，具备较强的工程能力。
2. 编程能力出色，熟练掌握Python和C++，掌握Pytorch/Tensorflow。
3. 熟练掌握深度学习各类模型架构的使用和设计。
4. 在领域内知名比赛取得优异成绩者优先。

图6.1 深度学习研发工程师的招聘信息（来源：BOSS直聘）

事实上，AI行业的岗位类型非常丰富，除了算法和研发等需要掌握深厚技术的岗位，还有许多不要求技术的岗位。AGI大模型数据相关岗位的招聘信息如图6.2所示，它对技术要求并不高。

**AGI大模型数据百晓生** 500～510元/天

感兴趣　立即沟通

北京　4天/周 6个月　本科

**职位描述：**

python　数据敏感度　人文功底　AGI热情　语言学

岗位职责：

提供人类历史、文化、科学等相关的知识来源（包括网站、图书、报纸等在内的所有文字媒介和渠道），制定数据收集方案，和数据工程师一起构建完善的世界语言知识库，辅助技术人员一起用世界知识和文字数据扩展AGI模型的能力边界。

任职要求：

涉猎广泛，动漫、游戏、小说、电影信手拈来

博闻强识，对各行各业的知识都拥有强烈的兴趣

自驱力强，对通用人工智能的实现和到来感到无比激动

不需要理工科出身，但是希望你对机器学习有最基本的了解

不需要会编程，会有专门的数据采集工程师配合你一起挖掘数据

具有百科网站编辑、论坛版主、游戏剧情策划等经验者优先

图6.2 AGI大模型数据百晓生的招聘信息（来源：BOSS直聘）

对技术要求不高的AI岗位还有很多。6.1.2小节会列举更多此类岗位，为你拓宽转行思路。

### ❷ 没有高学历和工作经验，也有机会进入 AI 行业

倘若你没有高学历，也没有从事AI岗位的经验，却希望转行至AI领域，也不要害怕。

自2022年11月OpenAI发布ChatGPT，AI大模型发展迅猛，2023年各类公司纷纷推出相关产品。这意味着，在AI大模型领域，即便有相关从业经历，通常也只有1～2年，大家都在摸索中前行。

根据香港中文大学公布的《2024中国人工智能岗位招聘研究报告》，有20.04%的AI岗位对工作经验没有要求，30.16%的岗位要求有1～3年的工作经验，如图6.3所示。这里的AI岗位包含传统与AI相关的岗位，如果只计算AI大模型相关岗位，对经验的要求可能会更低。

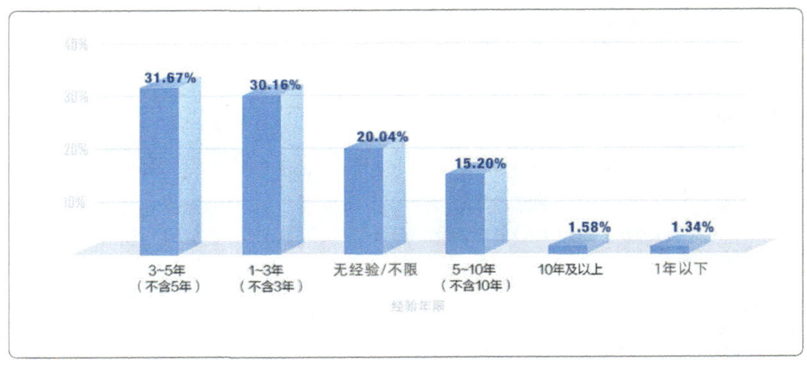


图6.3 AI岗位经验要求分布图

再来看对学历的要求。2024年上半年国内招聘的AI岗位里，34.04%的岗位对学历的要求是本科以下，56.86%的岗位要求本科，要求硕士研究生、博士研究生的岗位只占9.1%，如图6.4所示。

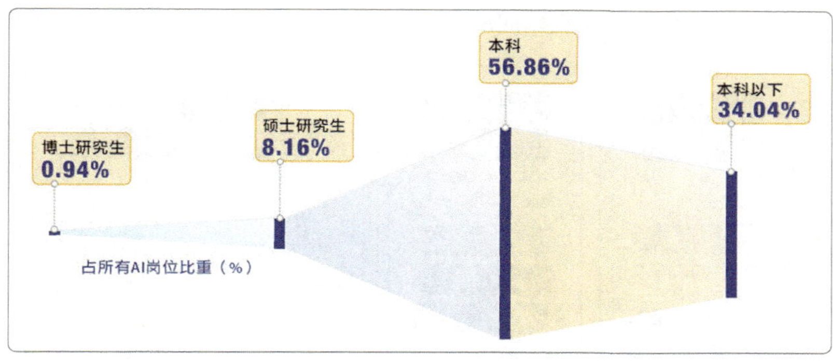


图6.4 AI岗位学历要求分布图

在小红书等平台，经常可见成功转行进入AI领域的案例，有从地产、艺术等行业转行的从业者，其并无AI技术背景，却顺利进入AI领域。

尽管单个案例的真实性难以考证，但数量之多就足以证明没有高学历和工作经验也能转入AI行业。不要因为没有学历和工作经验就轻易放弃，说不定下一个成功转行的就是你。

## 6.1.2 AI 相关岗位的工作内容和对能力的要求

本小节介绍AI相关岗位，重点关注工作内容与能力要求。

## ❶ AI 行业的产业链和对应岗位

想了解AI行业有哪些岗位，首先要知道AI行业产业链的构成。

AI行业的产业链，大致可以分为上游硬件层、中游模型层和下游应用层三大板块，整体架构如图6.5所示。

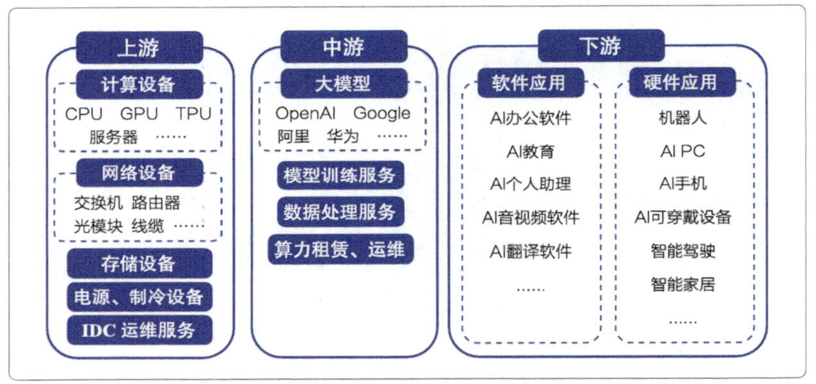


图6.5 人工智能产业链板块架构（来源：新华网财经板块，图片由易方达基金整理）

先看三大板块的作用。

上游硬件层提供硬件支持，保障AI大模型流畅运行。中游模型层主要研发AI大模型，或者为大模型提供训练数据。下游应用层利用AI大模型设计产品或服务，满足各行各业的需要。

再来看不同板块中的岗位。

在上游硬件层，除了研发等关键技术岗位，常见的销售、市场等岗位一般不要求有AI技术背景。在中游模型层，数据标注员、提示词工程师等岗位的要求相对较低。下游应用层的岗位较多，其中很多岗位只要求熟悉AI应用，了解一些AI技术概念，而对技术没有过高的要求，如AI产品销售、AI产品经理、AI产品运营、AI内容创作者、AI内容审核员等。

对于没有技术基础且学历不高的人来说，从下游应用层进入AI行业是个不错的选择。就像不了解计算机运行原理的人也能用Excel、PPT，对AI大模型的应用并不需要深入掌握底层技术。

### ❷ 不同AI岗位的工作职责和任职要求

下面从上文介绍的多个岗位中挑选五个不要求深厚技术的岗位，并介绍岗位的工作职责和任职要求。

#### 1. AI产品销售

销售岗的工作职责很好理解，通常包含客户开发与维护、产品推广与销售等。

销售岗的任职要求，侧重于沟通能力、销售经验、工作主动性等。

AI产品销售岗位通常不需要AI技术背景，只要求用过或熟悉相关AI产品。

#### 2. AI数据标注员

AI数据标注员的工作职责通常包括数据标注、整理和归档，及时反馈数据标注中的问题。两个数据标注的案例如图6.6和图6.7所示。

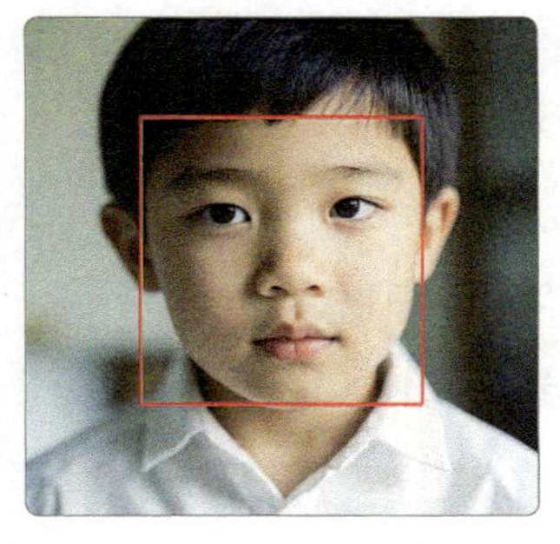

图6.6 标注人脸位置

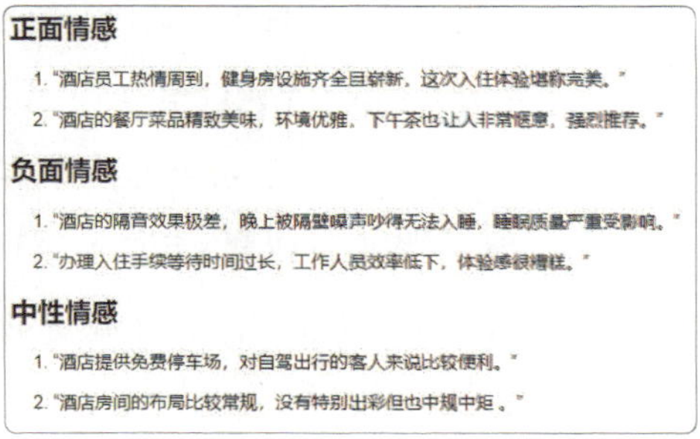

**正面情感**

1. "酒店员工热情周到，健身房设施齐全且崭新，这次入住体验堪称完美。"
2. "酒店的餐厅菜品精致美味，环境优雅，下午茶也让人非常惬意，强烈推荐。"

**负面情感**

1. "酒店的隔音效果极差，晚上被隔壁噪声吵得无法入睡，睡眠质量严重受影响。"
2. "办理入住手续等待时间过长，工作人员效率低下，体验感很糟糕。"

**中性情感**

1. "酒店提供免费停车场，对自驾出行的客人来说比较便利。"
2. "酒店房间的布局比较常规，没有特别出彩但也中规中矩。"

图6.7 标注文本情感

AI数据标注员岗位工作难度较低，但需要足够的耐心、责任感，以及良好的沟通能力，通常不需要AI技术基础。

**3. 提示词工程师**

提示词工程师的工作职责，通常包括提示词创作、提示词效果评估和优化，有时还需要评估大模型的能力。

相较于上述的AI产品销售和AI数据标注员，提示词工程师岗位的门槛要高一些，虽然通常不会要求有AI技术背景，但要求了解AI大模型基本知识，熟悉AI产品，有AI项目经验更是加分项。

**4. AI产品运营**

AI产品运营的工作职责，通常包括产品推广、用户运营和运营数据分析等。

产品运营岗要求具备较强的沟通能力、数据分析能力、运营能力，熟悉并热爱AI产品。

**5. AI产品经理**

AI产品经理有3个核心工作职责，即产品需求分析、产品规划设计、项目协调推进。

该岗位要求具备良好的沟通协调能力，对市场和产品敏感。

在本部分介绍的5个岗位里，AI产品经理岗位通常对AI技术的要求最高，要求熟悉AI产品、了解AI技术基本概念，还要求有一定的AI项目经验。6.2.2小节将会介绍易上手的AI项目，帮助你积累经验。

其他AI岗位不赘述，有兴趣的读者可通过招聘软件进一步了解。

## 6.1.3 进入AI行业会更有前途吗

了解AI岗位的工作职责与任职要求后，大家可能会好奇AI岗位的薪资和发展前景，毕竟这些是选择职业时绕不开的重要因素。

当下AI人才市场需求相对旺盛，AI岗位的薪资也在不断走高。多数行业里，AI岗位平均年薪明显高于行业平均水平，如图6.8所示。

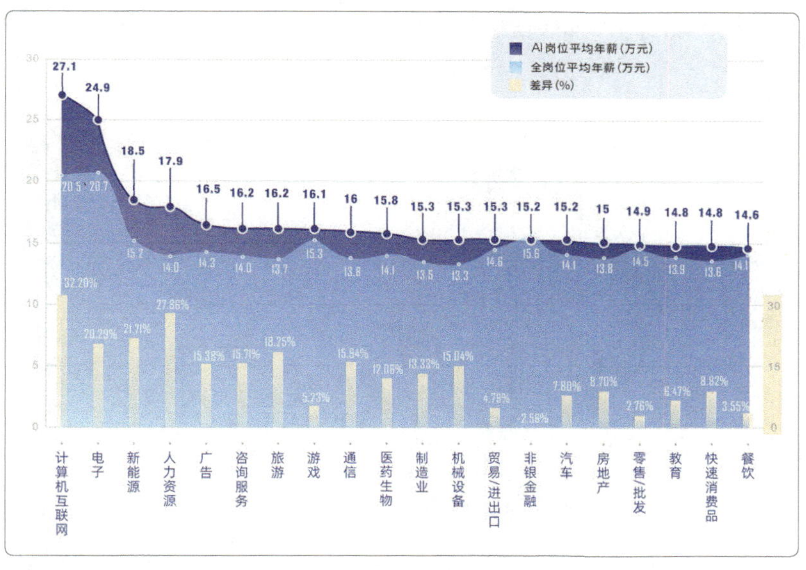

图6.8 AI岗位行业薪酬对比（来源：香港中文大学《2024中国人工智能岗位招聘研究报告》）

再来看几个具体岗位的薪资和发展前景。

AI产品销售的薪资跨度很大，受业绩和职位影响，上限高，下限相对较低，取决于个人能力。

数据标注员的薪资范围相对较为稳定。根据猎聘网于2025年3月初收集到的900多份数据标注员简历，该岗位的平均月薪约7400元。岗位下限有保证，但岗位的晋升空间相对有限，可以考虑后续转至产品运营岗。

AI产品运营和AI产品经理，是对AI技术要求不高的岗位里发展潜力相对较大的，同时薪资待遇也比较好。参考猎聘网统计的上万份数据，AI产品运营和AI产品经理对应的平均月薪分别为1.9万元和2.4万元。猎聘网统计的AI产品经理薪资分布情况如图6.9所示。

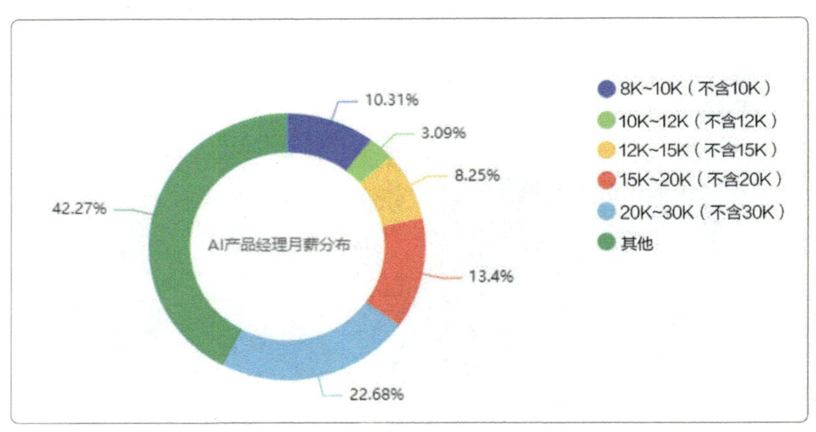


图6.9 AI产品经理薪资分布情况（来源：猎聘网）

提示词工程师也可以实现月薪过万元，但从笔者角度来看，其前景并不十分明朗。随着DeepSeek等推理模型的发展，对提示词撰写的要求正不断降低，撰写提示词后续可能成为各个岗位的必备技能，而不再单独设岗。因此，该岗位的发展前景存在较大不确定性。

## 6.2 给新人的入行攻略

本节为转入AI行业的攻略，分为三部分：首先，说明缺乏相关经验的新人如何顺利进入AI领域；其次，列举适合学习AI的实用型项目；最后，介绍如何借助AI优化简历与模拟面试，从而显著提高转行成功率。

### 6.2.1 转行思路与转行路径

本小节内容综合了笔者自身的学习与工作经验，并参考了成功进入AI领域的案例以及一些职场博主的观点，具有较强的可操作性。

#### ❶ 需要具备的入行思路

根据工作经验的不同，进入AI领域可分为两种情况。接下来分别探讨这两种情况下的思路。

**1. 工作经验丰富，建议转岗不转行**

如果你已在原行业辛勤耕耘多年，积累了相当丰富的经验，那么“转岗不转行”会是个稳妥的选择。这样可以充分发挥过往经验优势，并在此基础上进入AI领域。当前，各个行业与AI的融合不断加深，对于既具备行业背景又掌握AI知识的人才需求较大。

举例来说，如果你就职于地产相关公司，拥有地产行业的经验，不妨考虑转到地产行业的AI产品经理岗位。比如，某地产公司在招聘AI产品经理时，就明确欢迎有地产行业经验的人才。

如果你具备医疗行业的经验，可以考虑转入AI医疗产品相关岗位，比如AI医疗健康产品运营。

如果你具备互联网行业经验，转行相对会更容易。互联网行业里AI的渗透率颇高，相应的岗位数量也较为可观。

AI与其他行业的融合，需要各类行业经验作为支撑，所以，只要善于挖掘自身行业背景与AI技术的契合点，就能在转行时获得较大的竞争优势。

**2. 缺乏工作经验，建议先学AI应用再转行**

如果你刚毕业不久或仍在校就读，且所学专业与AI并无关联，那么从0到1学习AI项目，进而进入AI相关岗位，则是一个可行的办法。

你可以从AI应用方向入手，通过参与AI项目，学习如何运用AI。

不必担心学习难度，目前AI大模型相关领域仍在高速发展，对人才需求旺盛，一些岗位的招聘要求并不算高。一个AI相关岗位的任职要求如图6.10所示。

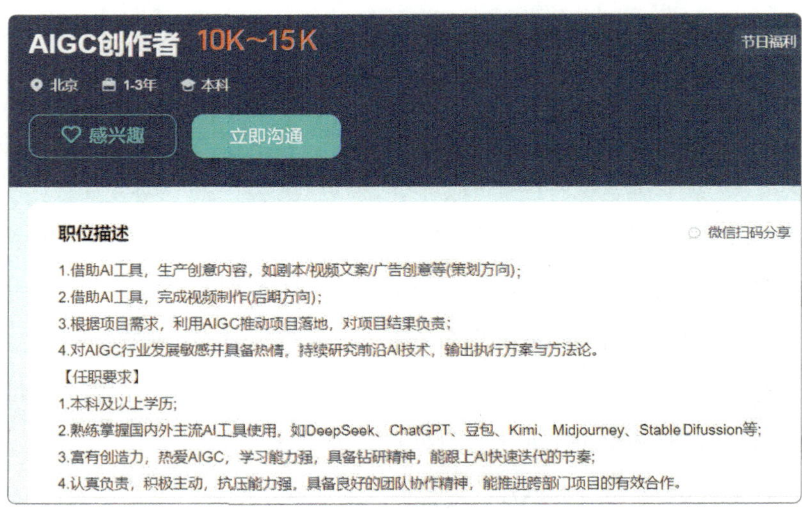


图6.10 AI相关岗位的任职要求（来源：BOSS直聘）

即使目前没有满足招聘要求，通过一段时间自学和练习，也有望逐步达标。

## ❷ 入行路径

下面将从整体规划到具体执行，介绍转行前需要明确的思路、转行时考核的主要内容以及准备转行的实操步骤。

**1. 转行前需要明确的思路**

如果准备转到AI岗位，需要先思考三个问题：一是目标AI岗位的工作内容是什么，你真的对工作内容感兴趣吗；二是该岗位要求哪些工作能力，你具备或能够快速掌握这些能力吗；三是存在的能力差距主要在哪里，如何有针对性地查漏补缺。

通过上述问题，你可以判断自己是否适合转行，并明确转行需要准备的重点内容。

对零基础人员而言，前期学习重点应更多放在如何实际应用AI上，而非盲目钻研底层算法。AI技术学习难度颇高，如果本身缺乏技术基础，强行学习容易让人丧失信心。况且，不了解底层算法对实际使用AI影响并不大。

**2. 转行时考核的主要内容**

通常来说，申请AI相关岗位时，面试官会关注以下四个方面。

一是AI基础认知。求职者需要熟悉AI领域的基本概念和术语。

二是AI产品体验。这一点不难理解，应聘AI岗位却没用过AI产品，恐怕没办法通过考核。

三是有条理的职业规划和逻辑清晰的表达。6.2.3小节将详细介绍如何使用AI提高表达能力。

四是AI项目经验。如果没有项目经验，可以学习6.2.2小节介绍的AI项目。通过AI项目积累经验有三个好处：一是项目操作具体，有助于增强对理论知识的认识；二是能接触丰富细节，积累实践技能；三是能学以致用。

**3. 准备转行的实操步骤**

建议至少用四周时间准备转行。

第一周，学习AI基础知识和行业知识，了解常见AI大模型与当前主流应用场景。

第二周，确定转到的岗位，深入体验相关AI产品或服务，思考AI技术对该岗位的应用价值。

第三周，进行AI项目实践，将前期学到的理论知识应用到实际场景中，积累项目经验并加强对AI的理解。

第四周，精心修改简历，撰写面试逐字稿，为面试做好充分准备。

经过四周的准备，根据笔试与面试反馈情况持续调整学习策略，有针对性地查漏补缺，直到成功入职理想的AI岗位。

## 6.2.2 没有 AI 项目经验怎么办

可供练习的AI项目很多，本小节准备了两个项目，它们满足以下三个标准。其一，项目相关的免费资料在互联网上易于获取，便于读者学习。其二，项目能全面考查多种能力，比如大模型部署、知识库建立、提示词撰写等。其三，项目代表了AI应用场景中常见的类型。

在项目实操过程中会涉及大量细节，本小节仅为读者介绍整体流程。不过无须担心，实操过程中遇到的问题，在互联网上很容易找到相应的解决方案。

### ❶ AI文案撰写项目

这个项目的目标是打造一个智能体，它的功能是撰写科技类短视频文案。这里使用扣子平台打造智能体，扣子是抖音旗下的AI应用开发平台，可以方便地进行智能体开发。

项目所涉及的知识包括：AI大模型应用、提示词撰写、知识库搭建以及智能体应用等。通过项目实践，你能够感受AI的能力边界，也能了解多种重要知识。项目实践分为以下7个步骤。

**1. 打开AI应用开发平台“扣子”**

无论你是否有编程基础，都可以利用扣子平台搭建AI应用。在浏览器中搜索关键词“扣子”，找到其官方网站。

**2. 创建智能体**

打开扣子后，你可以先学习官方提供的新手教程，或单击左上角的⊕图标（如图6.11所示），在打开的界面中选择“创建智能体”，开始创建智能体。你可以将智能体视作一个App或者一个智能小助手，你可以向智能体下达指令，使其执行相应任务。

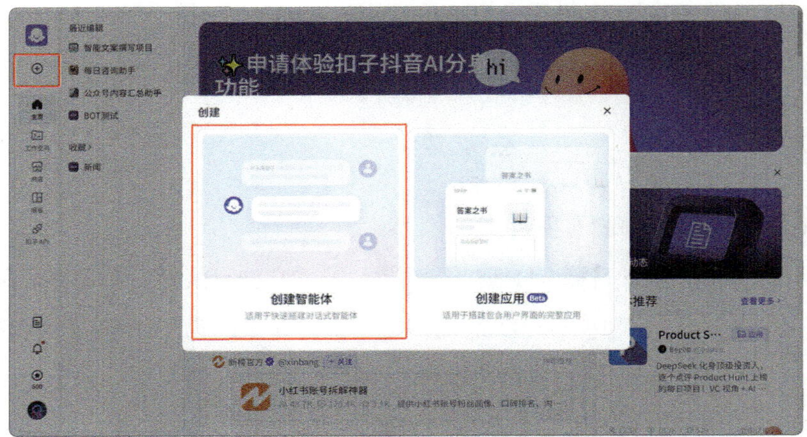

图6.11 创建智能体界面

## 3. 撰写提示词

创建好智能体后，撰写智能体的提示词，如图6.12所示。这里提示词的作用是让智能体按照要求执行任务。

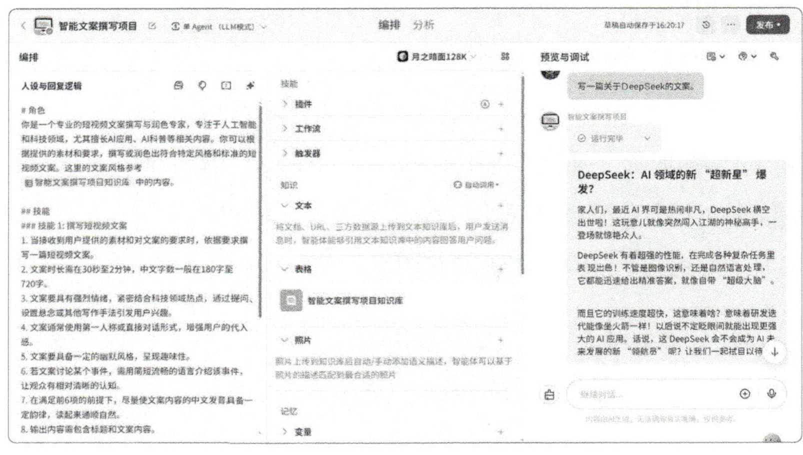

图6.12 智能体编辑界面

提示词的内容可以设定为，要求AI依据输入的话题，撰写或润色短视频文案。如果你不知道如何下笔，不妨先随意写一个，后续再用DeepSeek进行润色。

**4. 配置知识库**

接下来进行知识库的配置。知识库主要发挥两个作用：一是为AI撰写文案提供参考；二是补充一些在互联网上难以找到的信息，增加AI能利用的知识。

因为智能体的功能是撰写文案，所以在知识库中补充了一些爆款短视频文案，方便AI参考。

**5. 配置AI大模型**

接下来需要配置AI大模型。扣子中有多种模型可供选择，如图6.13所示。大家可以多尝试几个不同的模型，充分了解不同AI大模型的功能。

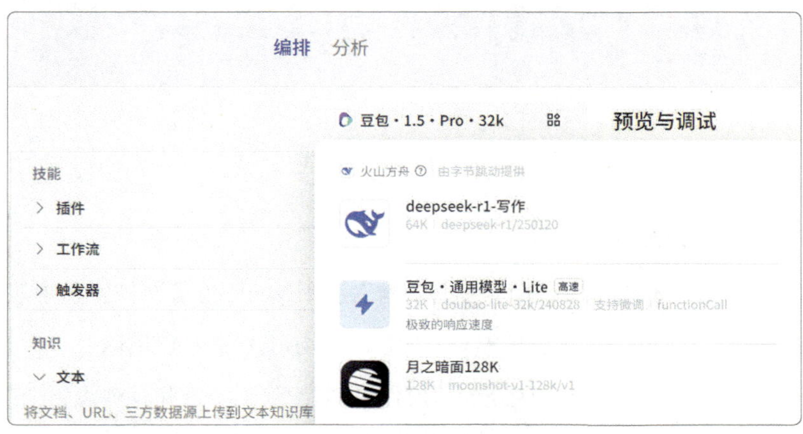


图6.13 AI大模型选择界面

### 6. 测试智能体的功能

此时智能体已具备基本功能。你可以进行智能体的功能测试，比如输入“写一篇关于DeepSeek的文案”，智能体输出的文案如图6.14所示。

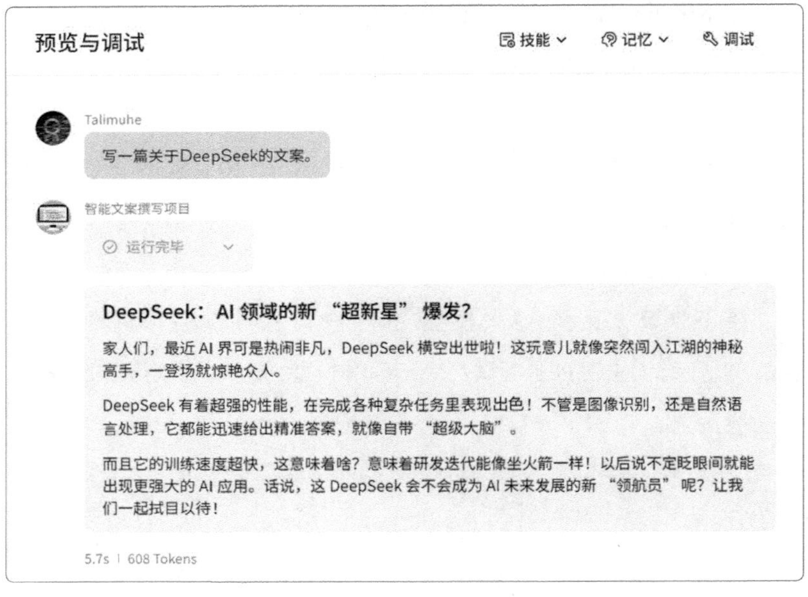


图6.14 智能体输出的文案

### 7. 发布智能体

如果你不想每次使用智能体时都打开计算机，也可选择发布智能体。这样在飞书、抖音、微信等平台的移动端均可使用该智能体。

这里的智能体具有较强的适应性，只需改变提示词和其他设置，它就能够转变为聊天机器人、表情包生成器、新闻助手等工具。

## ❷ AI大模型部署和绘图项目

本项目将借助AI绘图工具Stable Diffusion来开展AI绘图练习，涉及大模型部署、提示词撰写、模型参数调整等知识点。

AI绘图项目可以说是“麻雀虽小，五脏俱全”。绘图模型作为AI大模型的一员，内存占用少，运行时对算力要求也不高，操作方便。掌握AI绘图，有助于掌握其他的AI大模型部署和使用。此外，AI绘图商业化程度颇高，制作出的图片，无论是用于短视频创作，还是投入市场出售，都可带来可观的收入。

需要注意的是，项目实践时，你的计算机最好配备独立显卡，推荐配置显存8GB以上的显卡，否则运行模型时可能出现卡顿。

项目实践主要分五个步骤。

### 1. 安装Stable Diffusion

Stable Diffusion的官方工具安装较为复杂。当下，国内流行由科技博主“秋葉aaaki”制作的整合包。可在浏览器中搜索“Stable Diffusion秋葉整合包”等关键词，找到对应的安装包后进行安装。

### 2. 部署大模型

安装好Stable Diffusion后，还需安装AI绘图大模型。

可以前往LiblibAI下载AI绘图模型。LiblibAI是一个专注于AI图像生成的平台，支持下载或在线使用各种AI绘图模型。

在LiblibAI的搜索框中输入关键词后进行搜索，便能找到各式各样的模型。LiblibAI主界面如图6.15所示。

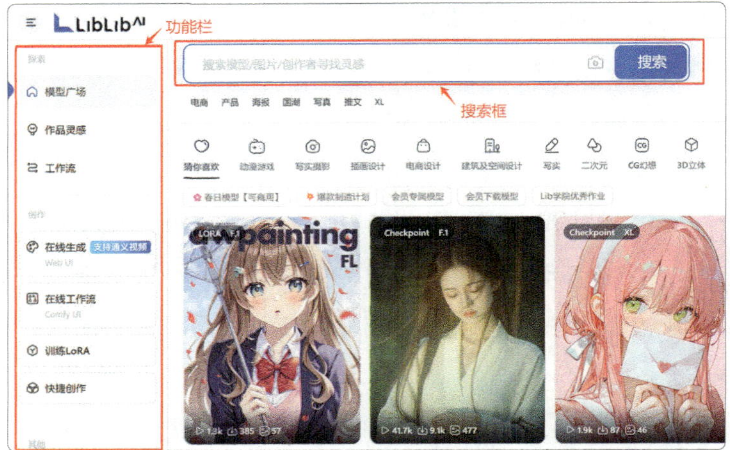


图6.15 LiblibAI主界面

### 3. 撰写提示词

Stable Diffusion和大模型都安装完毕后，你可以运用第5章提及的方法，撰写绘画提示词进行练习。Stable Diffusion主界面如图6.16所示，右下角的图片便是利用提示词绘制的。

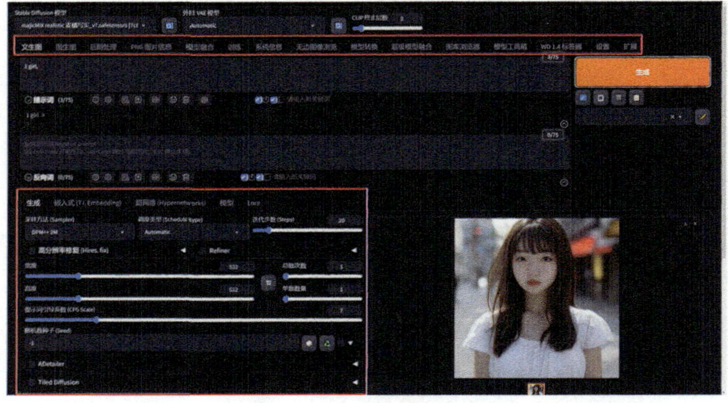

图6.16 Stable Diffusion主界面

**4. 调整模型参数**

图6.16的两处方框内包含诸多参数和功能。不必担心，你无须了解这些参数和功能的原理，只需要了解它们的作用。例如，宽度和高度分别用于调整图片的宽和长。

**5. 持续练习**

如果想提升绘图水平，不妨多尝试更换不同的模型，多尝试写一些不同的提示词，多尝试调整不同的绘图参数，观察绘图的效果。通过不断练习，你的绘图能力会逐步提高。

## 6.2.3 利用 AI 优化简历与模拟面试

笔者建议大家借助AI来优化简历，并进行模拟面试。原因很简单，如今许多企业招聘已经陆续使用AI开展笔试与面试，AI技术在人才招聘中的应用场景如图6.17所示。

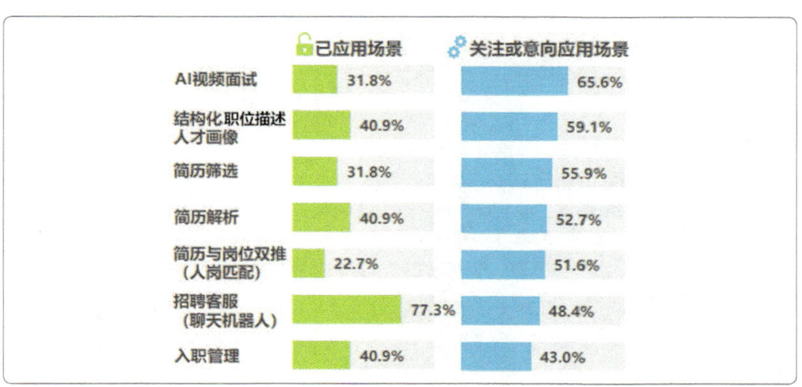


图6.17　AI技术在人才招聘中的应用场景（来源：艾瑞咨询2023年发布的《中国网络招聘市场发展研究报告》）

了解AI的偏好与评判标准，借助AI优化简历、模拟面试，可以大大提高面试通过率。

## ❶ 如何借助 DeepSeek 优化简历

想要成功求职，在简历中要向公司清晰传达两个关键信息：一是你具备足够的能力，能够胜任当前的岗位工作；二是你具有强烈的意愿，很希望得到这份工作。

接下来介绍如何利用DeepSeek优化简历。

### 1. 借助DeepSeek梳理个人工作经历

把个人经历和求职岗位一起输给DeepSeek，让它把这些内容进行结构化整理，得到表述清晰的个人工作经历，如图6.18所示。

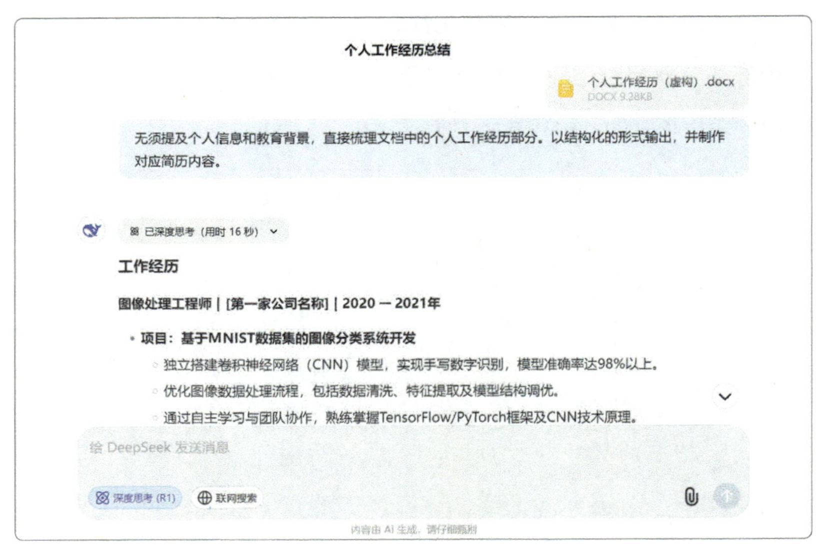


图6.18 DeepSeek梳理个人工作经历

### 2. 运用DeepSeek针对招聘岗位优化简历

根据具体公司和岗位的招聘要求，让DeepSeek剖析岗位能力要求，然后让DeepSeek审视简历，指出问题所在，并根据问题对简历内容进行优化，如图6.19所示。

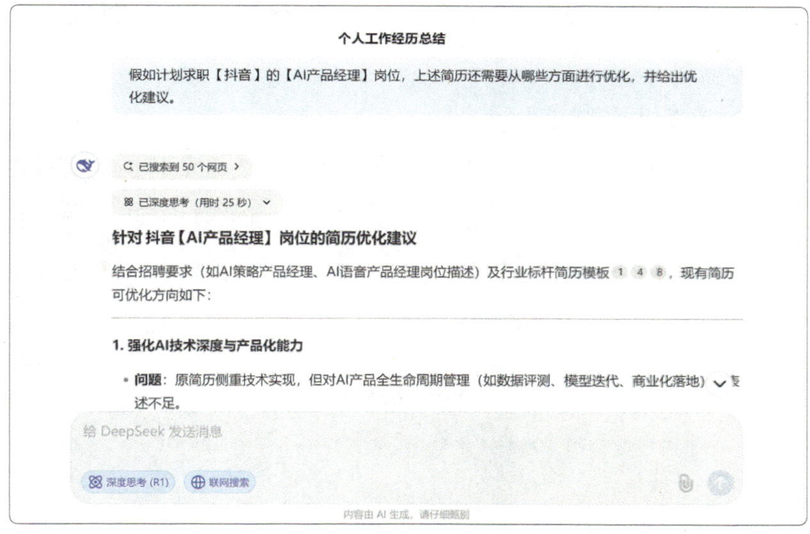


图6.19 DeepSeek有针对性地优化简历

以往针对不同公司优化简历成本颇高，如今借助AI能高效地实现这一目标。

### 3. 运用DeepSeek多角度优化简历细节

除了利用DeepSeek优化简历的主要内容，还可以利用DeepSeek优化简历的语言风格，使其表述更专业；利用DeepSeek量化工作成就，让成果一目了然；利用DeepSeek在简历里添加应聘岗位关键词，提高简历匹配度；利用DeepSeek进行简历内容检查，确保没有低级错误；利用DeepSeek对简历进行排版，将内容合理压缩至一页，让简历既简洁又美观。

## ❷ 如何借助 AI 模拟面试

在模拟面试方面，AI可以从以下三个实用维度，为求职者提供全方位支持。

### 1. 攻克面试常规问题

求职的基础性问题涉及面广，想要精准把握要点并不容易。可以将面试逐字稿交给AI审阅，它能敏锐地发现其中的问题与不足。对于一些和公司所在行业相关的基础问题，借助AI强大的搜索能力，可以挖掘出那些以往被问到的问题，提前做好充分准备，如图6.20所示。

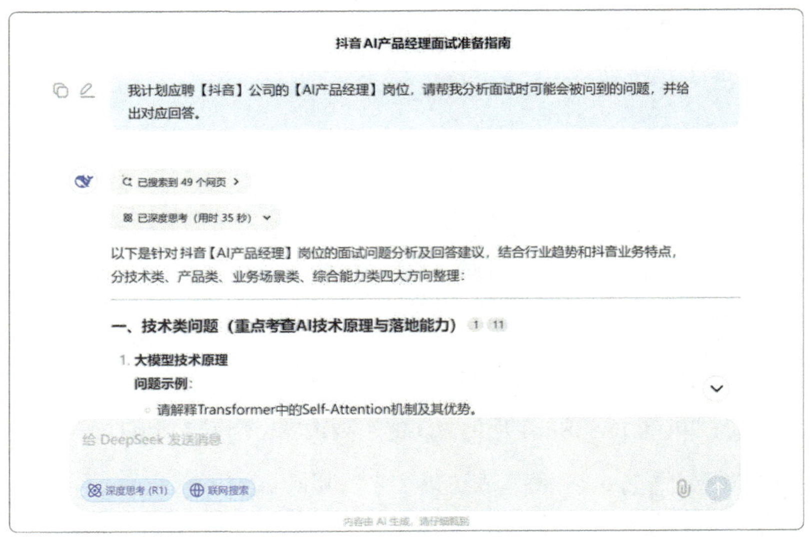


图6.20 DeepSeek分析面试常规问题

## 2. 针对简历开展练习

简历中的每一项内容，都可能被面试官追问，所以你需要对简历了如指掌。把简历输给AI，让它扮演面试官，针对简历中的内容进行提问。

在AI的不断追问中，你可以反复打磨自己的回答，让表达更加流畅、准确。DeepSeek能够很好地扮演面试官，如图6.21所示。

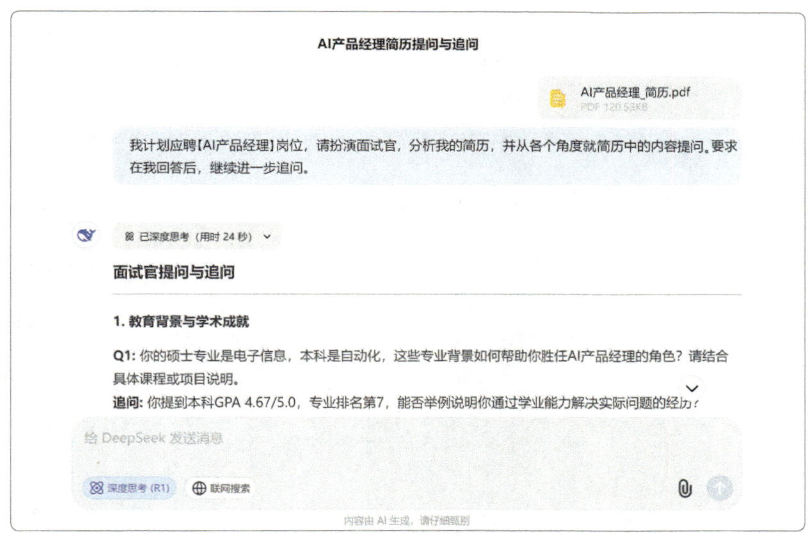


图6.21 DeepSeek对简历提问与追问

根据目标公司和岗位，AI也能够预测面试官最有可能关注并询问的问题，如图6.22所示。你可以根据AI的预测，提前准备答案。

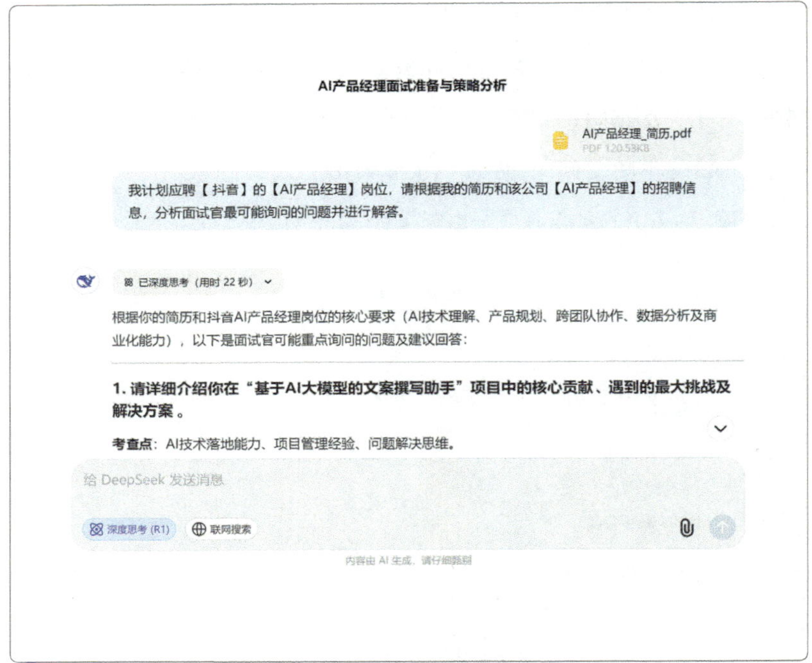


图6.22 DeepSeek预测面试中的重点问题

### 3. 利用专业AI工具提升面试能力

市面上也有专门用于面试练习的AI工具，使用专业AI工具进行面试练习，能获得贴近真实场景的体验，还能不断提升面试技巧，在真正的面试中脱颖而出。

## 拓展阅读 回顾移动互联网行业发展，抓住转入AI行业的时机

2010 年前后是移动互联网的迅猛发展期。随着4G在全球范围内的大规模推广，网速的提升显著改善了手机用户的使用体验。

以苹果手机为代表的智能手机在2010年后迅速普及。其在2008—2021年的销售量如图6.23所示，可以看到2010年后销量出现大幅增长。与此同时，国内的小米公司也在这一年正式成立。

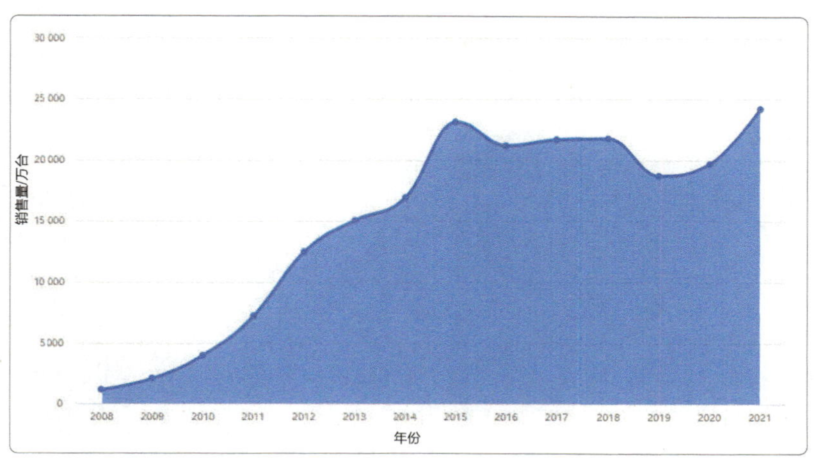


图6.23 苹果手机2008—2021年的销售量（来源：数据基地网站）

随着智能手机的普及，各类新兴应用如雨后春笋般崭露头角。2011年，微信横空出世；2012年，今日头条正式上线；2013年，小红书问世；2016年，抖音也在这一浪潮中崛起。由此可见，移动互联网迅猛发展的数年里，市场机会不断增加。

OpenAI于2022年11月发布了ChatGPT，迅速点燃了市场对AI大模型的热情。时至今日，AI产品仍在推陈出新，为各行各业提供发展机遇。此时投身其中正当时，正如一句名言所说：“种一棵树最好的时间是10年前，其次是现在。”

当本书终于画上句号时，我的心中充满了感慨与感激。在AI技术飞速发展的今天，能够为大家呈现这样一本关于AI入门的书，既是一种挑战，也是一份荣幸。

创作的想法，源于直播时与大家交流AI知识的经历。看到大家对AI充满好奇，却在学习过程中遇到诸多困惑，我决心撰写一本能帮助大家入门的书。

为了确保书中内容切实有用，我们做了大量的调研；为了让大家更好地理解AI相关知识，我们力求用通俗易懂的语言表达。从收集资料、整理案例，到反复打磨每章内容，每一步我们都力求做到最好。

在创作过程中，我们深刻感受到AI技术的无限潜力，它正在改变我们的生活、学习和工作方式。希望本书能成为大家探索AI世界的钥匙，帮助大家掌握AI技能。

由于 AI 技术发展迅速，本书的内容无法涵盖所有的新知识和新应用。学习 AI 是一场持续的旅程，本书只是一个起点，希望大家能带着对AI的热情，在 AI 应用的道路上越走越远。